Zuhair Altaher

Estudo do Efeito do Perfil da Ferramenta de Soldadura na Soldadura por FSW de AA2024-T351

Zuhair Altaher

Estudo do Efeito do Perfil da Ferramenta de Soldadura na Soldadura por FSW de AA2024-T351

Investigações teóricas e experimentais

ScienciaScripts

Imprint

Cover image: www.ingimage.com

This book is a translation from the original published under ISBN 978-3-659-87623-3.

Publisher:
Sciencia Scripts
is a trademark of
Dodo Books Indian Ocean Ltd. and OmniScriptum S.R.L publishing group

120 High Road, East Finchley, London, N2 9ED, United Kingdom
Str. Armeneasca 28/1, office 1, Chisinau MD-2012, Republic of Moldova, Europe
Managing Directors: Ieva Konstantinova, Victoria Ursu
info@omniscriptum.com

Printed at: see last page
ISBN: 978-620-8-60550-6

Índice:

Resumo

A soldadura por fricção é um processo de união que envolve a união de metais sem fusão ou materiais de enchimento. Neste estudo, foi investigado o efeito do perfil do pino da ferramenta nas propriedades mecânicas das juntas de ligas de alumínio AA2024-T351 produzidas por soldadura por fricção. Foram desenvolvidos quatro perfis diferentes de pinos de ferramenta: cilíndrico reto, cilíndrico escalonado, prisma reto de três lados e bloco quadrado reto, que foram utilizados para soldar as juntas. Todas as soldaduras foram produzidas perpendicularmente à direção de laminagem das ligas de alumínio. Foram efectuados ensaios de tração e de flexão para avaliar as propriedades mecânicas, utilizando uma máquina de ensaios universal computorizada. Entre as quatro ferramentas, o perfil de pino de bloco quadrado reto proporciona melhor resistência à tração (265 MPa), alongamento (4,9%), força de flexão máxima (1450 N) e eficiência máxima de soldadura (61%) em termos de resistência à tração.

A análise estatística foi aplicada para obter modelos matemáticos que relacionam as respostas mecânicas; alongamento, resistência à tração e força de flexão máxima, com os parâmetros de entrada; velocidade de soldadura e velocidade de rotação, para verificar a adequação destes modelos. Os modelos quadráticos resultantes mostraram que, à medida que a velocidade de rotação ou a velocidade de soldadura aumentam, a resistência à tração e o alongamento da junta aumentam primeiro até um valor máximo e depois diminuem devido à ocorrência de defeitos de vazios. O aumento da velocidade de soldadura e da velocidade de rotação leva a um aumento da força de flexão máxima até um valor máximo e depois diminui. No entanto, a velocidade de soldadura foi considerada mais significativa do que a velocidade de rotação. Verificou-se uma boa concordância entre os resultados destes modelos e a otimização com os resultados experimentais, com um nível de confiança de 95%.

Capítulo 1
Introdução

1.1 Antecedentes

A soldadura por fricção (FSW) é uma tecnologia de união em estado sólido inventada no The Welding Institute (TWI) em 1991. Provou-se ser uma tecnologia de união muito bem sucedida para ligas de alumínio. Em comparação com os processos de soldadura convencionais, a FSW pode produzir propriedades mecânicas superiores na zona de soldadura. Esta nova técnica está a atrair cada vez mais o interesse da investigação [1].

Durante o processo FSW, a ferramenta penetra na peça de trabalho e, em seguida, move-se ao longo da linha de junta a uma velocidade constante (ver Figura 1.1). O material à frente do pino da ferramenta em rotação é deformado plasticamente e agitado de volta para o bordo de fuga do pino da ferramenta na soldadura.

A ferramenta tem três funções principais, ou seja, o aquecimento da peça de trabalho, o movimento do material para produzir a junta e a contenção do metal quente sob o ombro da ferramenta. O aquecimento é criado dentro da peça de trabalho, tanto pelo atrito entre o pino rotativo da ferramenta e o ombro, como pela deformação plástica severa da peça de trabalho. O aquecimento localizado amolece o material à volta do pino e, combinado com a rotação e a translação da ferramenta, leva ao movimento do material da frente para trás do pino, preenchendo assim o orifício na esteira da ferramenta à medida que esta avança. O ombro da ferramenta restringe o fluxo de metal a um nível equivalente à posição do ombro, ou seja, aproximadamente à superfície inicial do topo da peça de trabalho. Como resultado da ação e influência da ferramenta sobre a peça de trabalho, quando executada corretamente, é produzida uma junta em estado sólido, ou seja, sem fusão.

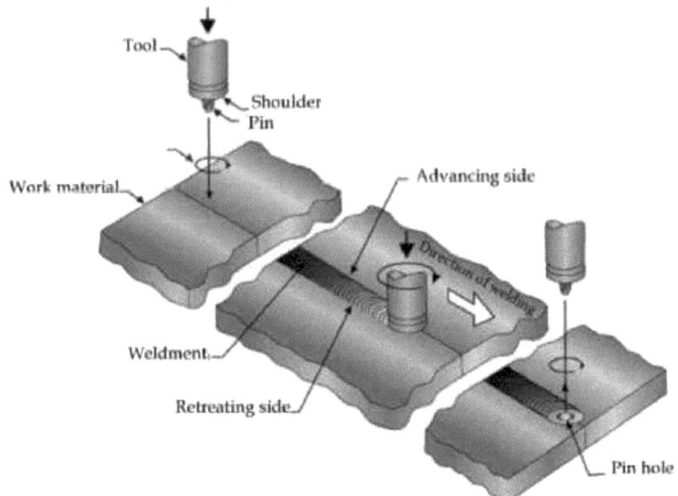

Figura 1.1: Diagrama esquemático do FSW

1.2 Princípio do processo FSW:

No processo FSW, uma ferramenta de ombro cilíndrico, com uma sonda perfilada roscada/não roscada (pino), é rodada a uma velocidade constante e introduzida a uma velocidade de deslocação constante na linha de junção entre duas peças de material em chapa ou placa, que são unidas. As peças têm de ser fixadas rigidamente a uma barra de suporte, de modo a evitar que as faces de junção adjacentes sejam forçadas a separar-se. O comprimento da cavilha é ligeiramente inferior à profundidade de soldadura necessária e o ombro da ferramenta deve estar em contacto íntimo com a superfície de trabalho. O pino é então movido contra o trabalho, ou vice-versa [1].

O calor de fricção é gerado entre o ombro e o pino da ferramenta de soldadura resistente ao desgaste e o material das peças de trabalho. Este calor, juntamente com o calor gerado pelo processo de mistura mecânica e o calor adiabático no interior do material, faz com que os materiais agitados amoleçam sem atingir o ponto de fusão (daí ser citado um processo de estado sólido), permitindo a deslocação da ferramenta ao longo da linha de soldadura num veio tubular de metal plastificado. À medida que o pino é movido na direção da soldadura, a face dianteira do pino, assistida por um perfil de pino especial, força o material plastificado para a parte de trás do pino, enquanto aplica uma força de forjamento substancial para consolidar o metal de solda. A soldadura do material é facilitada pela deformação plástica severa no estado sólido, envolvendo a recristalização dinâmica do material de base.

1.3 Ligas de alumínio 2xxx

A preponderância da pesquisa e dos dados relatados para as ligas de alumínio 2xxx está concentrada no Al 2024 e na liga Al-Cu-Mg. Em geral, a soldabilidade do 2024 Al por práticas convencionais de soldadura por fusão, ou seja, soldadura por arco de metal a gás ou soldadura por arco de tungsténio a gás, é limitada. O alumínio 2024 pode ser soldado com procedimentos e equipamentos adequados, mas, exceto no caso da soldadura por resistência, as classificações de soldabilidade para o 2024 indicam uma soldabilidade limitada. Além disso, o Alumínio 2024 é mais sensível à fissuração durante a soldadura convencional do que outras ligas de alumínio, e a conceção da junta e os dispositivos de fixação devem ser dimensionados de modo a exercer uma tensão mínima sobre a junta durante o período de arrefecimento. Estas precauções não são necessárias durante a FSW, mais uma vez devido à ausência de fusão associada à FSW. Basicamente, o Al 2024 é facilmente soldado por fricção sem quaisquer procedimentos especiais, para além das boas práticas de FSW [1].

1.4 Ferramenta de soldadura por fricção

Cada uma das partes da ferramenta de fricção (cavilha e ombro) tem uma função diferente. Por conseguinte, a melhor conceção da ferramenta pode consistir no ombro e no pino construídos com materiais diferentes. Os materiais da peça de trabalho e da ferramenta, a configuração da junta (mas ou sobreposta, placa ou extrusão), os parâmetros da ferramenta (velocidades de rotação e de deslocação da ferramenta) e as experiências e preferências do utilizador são factores a ter em conta na seleção do desenho do ombro e do pino (Figura 1.2) [1].

Os ombros da ferramenta são concebidos para produzir calor (através de fricção e deformação do material) na superfície e nas regiões da superfície da peça de trabalho.

O ombro da ferramenta produz a maior parte do aquecimento por deformação e fricção em chapas finas, enquanto o pino produz a maior parte do aquecimento em peças espessas. Além disso, o ombro produz a ação de forjamento descendente necessária para a consolidação da soldadura.

Os pinos de agitação por fricção produzem deformação e aquecimento por fricção nas superfícies da junta. A cavilha é concebida para perturbar as superfícies de contacto da peça de trabalho, cisalhar o material à frente da ferramenta e deslocar o material atrás da ferramenta. Além disso, a profundidade da deformação e a velocidade de deslocação da ferramenta são reguladas pela conceção da cavilha.

Figura 1.2: Imagem das ferramentas FSW utilizadas no presente trabalho

1.5 Zonas microestruturais

Como muitas novas tecnologias, é necessária uma nova nomenclatura para descrever com exatidão as observações. No caso do FSW, são necessários novos termos para descrever adequadamente as microestruturas pós-soldadura. A primeira tentativa de classificar as microestruturas soldadas por fricção foi efectuada por Threadgill. A Figura 1.3 identifica as diferentes zonas microestruturais existentes após a soldadura por fricção e é apresentada uma breve descrição das diferentes zonas [1]. A zona de soldadura está dividida em regiões distintas, como se segue:

i. Material não afetado ou metal de base (A): Trata-se de material afastado da soldadura que não foi deformado e que, embora possa ter sofrido um ciclo térmico da soldadura, não é afetado pelo calor em termos de microestrutura ou de propriedades mecânicas.
ii. Zona afetada pelo calor (B): Nesta região, que se encontra mais próxima do centro de soldadura, o material sofreu um ciclo térmico que modificou a microestrutura e/ou as propriedades mecânicas. No entanto, não há deformação plástica ocorrendo nesta área.
iii. Zona termomecanicamente afetada (C): Nesta região, a FSW deformou

plasticamente o material, e o calor do processo também terá exercido alguma influência sobre o material. No caso do alumínio, é possível obter uma deformação plástica significativa sem recristalização na região, e há geralmente uma fronteira distinta entre a zona recristalizada (pepita de solda) e as zonas deformadas da TMAZ.

iv. Pepita de solda (D): A área totalmente recristalizada, às vezes chamada de zona de agitação, refere-se à zona anteriormente ocupada pelo pino da ferramenta. O termo zona de agitação é normalmente utilizado no processamento de agitação por fricção, onde são processados grandes volumes de material.

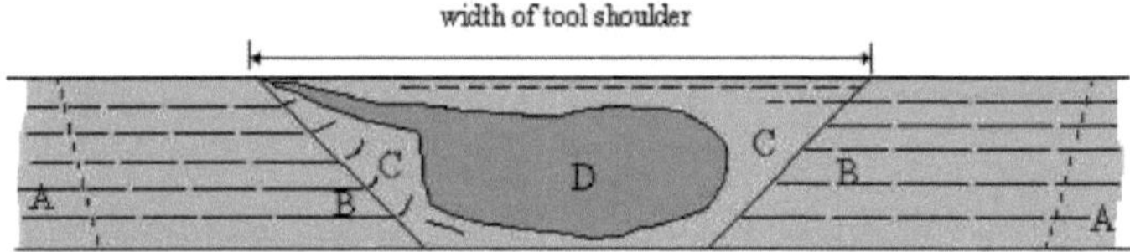

Figura 1.3: Várias regiões microestruturais na secção transversal de um material soldado por fricção. A, material não afetado ou metal de base; B, zona afetada pelo calor; C, zona afetada termomecanicamente; D, pepita de solda.

1.6 Vantagens e limitações da soldadura por fricção

As vantagens do processo são:

i. Boas propriedades mecânicas no estado de soldadura
ii. Maior segurança devido à ausência de fumos tóxicos ou de salpicos de material fundido.
iii. Sem consumíveis - Um pino roscado feito de aço para ferramentas convencional, por exemplo, H13 endurecido, pode soldar mais de 1 km (0,62 mi) de alumínio, e não é necessário enchimento ou proteção de gás para o alumínio.
iv. Facilmente automatizado em máquinas de fresagem simples - custos de configuração mais baixos e menos formação.
v. Pode funcionar em todas as posições (horizontal, vertical, etc.), uma vez que não existe poça de soldadura.
vi. Geralmente, o aspeto da soldadura é bom e a correspondência entre a espessura inferior e superior é mínima, reduzindo assim a necessidade de maquinação dispendiosa após a soldadura.
vii. Baixo impacto ambiental.

As principais limitações do processo FSW são:

i. Orifício de saída deixado quando a ferramenta é retirada.
ii. São necessárias grandes forças de descida com uma fixação de alta resistência para manter as placas juntas.
iii. Menos flexível do que os processos manuais e de arco (dificuldades com variações de espessura e soldaduras não lineares).
iv. Taxa de deslocação frequentemente mais lenta do que algumas técnicas de soldadura por fusão, embora isto possa ser compensado se forem necessários menos passes de soldadura.

1.7 Aplicações da soldadura por fricção na indústria

O processo é adequado para as seguintes aplicações:

1. As indústrias de construção naval e marítima incluem: painéis para convés, laterais, anteparas e pavimentos, extrusões de alumínio, cascos e superestruturas, plataformas de aterragem de helicópteros, alojamento offshore, estruturas marítimas e de transporte, mastros e lanças, por exemplo, para botas de vela, e instalações de refrigeração.
2. A indústria aeroespacial inclui: asas, fuselagens, empenagens, reservatórios de combustível criogénico para veículos espaciais, reservatórios de combustível para aviação, reservatórios externos para aviões militares, foguetões militares e científicos e reparação de soldaduras MIG defeituosas.
3. Os transportes terrestres incluem: berços para motores e chassis, jantes, acessórios para tubos hidroformados, peças em bruto por medida, por exemplo, soldadura de diferentes espessuras de chapa, armações espaciais, por exemplo, soldadura de tubos extrudidos a carroçarias de camiões de nódulos fundidos, plataformas elevatórias para camiões, gruas móveis, veículos blindados, camiões-cisterna, caravanas, autocarros e veículos de transporte de aeródromos, quadros para motociclos e bicicletas, elevadores articulados e pontes para pessoas, escorregas, reparação de automóveis de alumínio, magnésio e juntas magnésio/alumínio. O processo também é utilizado para fabricar barras de suspensão, colunas de direção, forquilhas de caixa de velocidades e veios de transmissão, bem como válvulas de motor, em que a capacidade de unir materiais diferentes significa que a haste e a cabeça da válvula podem ser feitas de materiais adequados aos seus diferentes ciclos de funcionamento em serviço.
4. A indústria da construção inclui: pontes de alumínio, painéis de fachada feitos de alumínio, cobre ou titânio, caixilharia de janelas, fábricas de alumínio e a indústria química, permutadores de calor e aparelhos de ar condicionado e fabrico de tubos. O conetor Simulform foi produzido para o fabrico de elementos de chassis e estruturas espaciais. O FSW também tem sido utilizado para soldar painéis leves feitos de espuma plástica ensanduichada entre duas folhas de alumínio, para os quais qualquer técnica de soldadura por fusão encontraria sérios problemas devido às temperaturas muito mais elevadas envolvidas.
5. A própria espuma de alumínio também foi soldada por FS. Outras aplicações actuais em análise incluem carroçarias e pisos de autocarros e camionetas, veículos militares de colocação de pontes (pontes/pontoons) e contentores de lixo.
6. Outros sectores da indústria incluem: painéis de refrigeração, equipamento de cozinha e cozinhas, produtos de linha branca, reservatórios de gás e garrafas de gás, ligação de bobinas de alumínio ou cobre em laminadores e mobiliário.

1.8 Objectivos da investigação

Os objectivos deste trabalho são resumidos da seguinte forma:

1. Investigar o efeito dos parâmetros de conceção da ferramenta FSW nas propriedades mecânicas, ou seja, (alongamento, resistência à tração e flexão), da junta para obter a seleção ideal da ferramenta.
2. Investigar o efeito dos parâmetros FSW (velocidade de rotação e velocidade de soldadura) nas propriedades mecânicas, ou seja, (alongamento, resistência à tração e flexão), da junta utilizando a seleção óptima de ferramentas para obter

os parâmetros de soldadura óptimos através da técnica de conceção de experiências (DOE) e da metodologia de superfície de resposta (RSM).

1.9 Apresentação da tese

Esta obra inclui os cinco capítulos seguintes:

O primeiro capítulo é uma revisão introdutória que apresenta as ligas de alumínio 2024-T351, as zonas microestruturais, as vantagens e as limitações da soldadura por fricção.

O capítulo dois ilustra uma pesquisa bibliográfica de artigos escritos sobre os temas relacionados com este estudo (i.e., modelação térmica e estrutural do processo FSW, efeitos das propriedades mecânicas, tensões residuais induzidas por FSW). Além disso, são especificados e explicados os objectivos desta tese.

O capítulo três apresenta a técnica de conceção de experiências (DOE) e a metodologia de superfície de resposta (RSM) para fins de modelação e otimização, que são descritas para obter os parâmetros de soldadura ideais.

O capítulo quatro explica o trabalho experimental para a conceção da ferramenta FSW e a seleção dos parâmetros de soldadura de juntas de topo soldadas por fricção.

O capítulo cinco contém a discussão de todos os resultados dos trabalhos teóricos e experimentais. O capítulo seis apresenta as conclusões do trabalho efectuado, com recomendações para trabalhos futuros.

Capítulo 2

Revisão da literatura

2.1 Introdução

O FSW é um processo de soldadura muito importante para a união de ligas de alumínio. Provou ser muito útil, particularmente na união de juntas difíceis de fundir e de ligas de alumínio de alta e média resistência utilizadas em aplicações aeroespaciais, tais como as ligas de alumínio das séries 2xxx e 7xxx altamente ligadas.

Muitos artigos tratam da soldadura por fricção de ligas de alumínio. Alguns desses artigos são:

2.2 Processo de soldadura por fricção

Heinz e Skrotzki, 2001 [2], demonstraram a microestrutura e as propriedades mecânicas de uma liga Al-Si-Mg (6013) soldada por fricção, examinadas por microscopia ótica (OM), microscopia eletrónica de transmissão (TEM), análise de textura, medições de microdureza e ensaios de tração. Os resultados indicaram que a soldadura por fricção resulta numa estrutura de grão dinamicamente recristalizada na pepita de soldadura com um tamanho de grão mais pequeno do que no BM. A ZTA tem um tamanho de grão semelhante ao do BM. As medições de microdureza mostram que o nugget é mais macio do que o BM, enquanto os valores mínimos de dureza são encontrados na ZTA.

Ali et al. 2006 [3], mostraram a caraterização da macroestrutura, microestrutura, dureza, distribuição de precipitados, tensão residual e comportamento de deformação cíclica do aço 2024-T351 soldado por fricção. Os resultados deste estudo mostraram que a resistência e a ductilidade da microrregião de soldadura são controladas não só pelo tamanho do grão mas também pela presença de precipitados intergranulares de cobre coerentes. A distribuição da tensão residual não é homogénea e apresenta um gradiente na direção longitudinal e ao longo da espessura.

Lorrain et al. 2010 [4], realizaram as experiências de soldadura por fricção utilizando dois perfis de pinos diferentes. Ambos os pinos são sem rosca, mas têm ou não têm faces planas.

O objetivo principal é analisar o fluxo de material quando são utilizados pinos sem rosca para soldar chapas finas (4 mm). Verificou se que o fluxo de material com pinos não roscados tem as mesmas caraterísticas que o fluxo de material utilizando pinos roscados clássicos: os materiais são depositados no lado de avanço (AS) na parte superior da soldadura e no lado de recuo (RS) na parte inferior da soldadura; aparece uma camada rotativa à volta da ferramenta. Verificou-se que a força de imersão e a velocidade de rotação afectam a espessura da zona dominada pelo ombro. Este efeito é reduzido com a utilização do pino cónico cilíndrico com faces planas.

Rajakumar e Balasubramanian, 2012 [5], estabeleceram as relações entre os parâmetros FSW (velocidade de rotação, velocidade de soldadura, força axial, diâmetro do ombro, diâmetro do pino e dureza da ferramenta) e as respostas (resistência à tração, dureza e taxa de corrosão). As condições óptimas de soldadura para maximizar a resistência à tração e minimizar a taxa de corrosão foram identificadas para a liga de alumínio AA1100 e comunicadas. Os resultados indicaram que, o processo de soldadura por fricção e os parâmetros da ferramenta foram optimizados utilizando a otimização multi-objetivo no RSM para obter a máxima resistência e taxas de corrosão mínimas.

2.3 Modelação da soldadura por fricção

Aggarwal e Singh, 2005 [6], tentaram rever a literatura sobre a otimização dos parâmetros de maquinagem em processos de torneamento. Várias técnicas convencionais utilizadas para a otimização da maquinagem incluem a programação geométrica, a programação geométrica mais linear, a programação por objectivos, a técnica de minimização sequencial sem restrições, a programação dinâmica, etc. As técnicas mais recentes de otimização incluem a lógica difusa, a técnica de pesquisa por dispersão, o algoritmo genético, a técnica de Taguchi e a metodologia de superfície de resposta.

Zhu e Chao, 2004 [7], estudaram as variações de temperatura transiente e tensões residuais em FSW de chapas de aço inoxidável 304L. Foram efectuadas simulações tridimensionais não lineares térmicas e termo-mecânicas detalhadas para o processo FSW utilizando o código de análise de elementos finitos WELDSIM. Foram considerados dois casos de soldadura com velocidades de rotação da ferramenta de 300 e 500 rpm. Os resultados mostraram que foi desenvolvido um método de análise inversa para a simulação numérica térmica com base nos dados experimentais do historial da temperatura transiente em vários locais específicos durante a soldadura FSW do aço inoxidável 304L. A temperatura máxima durante a FSW situa-se na linha de soldadura e no ombro da ferramenta.

Zhang, 2008 [8], apresentou dois modelos de contacto, incluindo a lei de atrito de Coulomb clássica e a lei de atrito de Coulomb modificada, em que o limite superior da tensão de atrito é determinado pela falha de cisalhamento, combinados com um modelo termomecânico totalmente acoplado para comparações na simulação da soldadura por fricção. Ele resumiu os resultados obtidos da seguinte forma:

1. A uma velocidade angular mais baixa, os dois modelos de contacto não mostram diferenças óbvias na simulação de FSW na previsão da temperatura e na previsão do transporte de material. Mas em velocidades angulares mais elevadas, a lei clássica do atrito de Coulomb não consegue completar a simulação devido ao aumento do efeito dinâmico da ferramenta de soldadura.
2. As partículas de material são giradas pela borda do ombro e não podem entrar na região sob o ombro em velocidade angular mais baixa, o que é a razão para a formação do flash de solda.

Zhao et al. 2009 [9], desenvolveram modelos empíricos que relacionam os parâmetros do processo (profundidade de mergulho, velocidade de deslocação e velocidade de rotação) com as variáveis do processo (forças axiais, de trajetória e normais) para compreender as suas relações dinâmicas. Em primeiro lugar, foram construídas as relações em estado estacionário entre os parâmetros do processo e as variáveis do processo, e foi determinada a importância relativa de cada parâmetro do processo em cada variável do processo. De seguida, as caraterísticas dinâmicas das variáveis do processo foram determinadas utilizando os mínimos quadrados recursivos. Os resultados indicaram que a relação em estado estacionário entre os parâmetros do processo e as variáveis do processo é bem caracterizada por uma relação de potência não linear, e as respostas dinâmicas são bem caracterizadas por equações lineares de baixa ordem.

Aval et al. 2011 [10], utilizaram um modelo tridimensional para determinar o campo de temperatura e os ciclos térmicos durante e após a soldadura por FSW do AA 5086. Em seguida, o efeito de vários parâmetros de soldadura na microestrutura da TMAZ e as propriedades mecânicas da peça soldada foram considerados e discutidos utilizando os resultados de um modelo matemático, bem como os dados obtidos a partir dos ensaios experimentais. Os resultados indicaram que as previsões mostram que a força de atrito tem um efeito importante na geração de calor e na distribuição da temperatura no metal soldado. A temperatura em FSW é distribuída de forma assimétrica. As temperaturas de pico medidas e previstas são mais elevadas no lado do avanço do que no lado do recuo, e mesmo este fenómeno pode levar a uma distribuição não homogénea das microestruturas.

Veljic et al. 2012 [11], utilizaram um modelo de elementos finitos termomecânico acoplado para analisar os campos de temperatura, a força de imersão e as deformações plásticas da liga Al 2024-T351 sob diferentes velocidades de rotação durante o processo FSW.

Os resultados mostraram que a temperatura na matriz é inferior à temperatura de fusão. O campo de temperatura é aproximadamente simétrico ao longo da linha de soldadura. Quando a velocidade de rotação é aumentada, a força de mergulho pode ser reduzida.

2.4 Conceção de ferramentas de soldadura por fricção

Buffa et al. 2006 [12], efectuaram uma análise 3D FEM termo-mecânica totalmente acoplada para investigar o efeito do ângulo do pino no processo FSW. Os resultados mostraram que o aumento do ângulo do pino aumenta tanto a zona afetada pelo calor como a zona termo-mecânica, resultando numa pepita de solda maior. A temperatura global na zona de soldadura aumenta com o ângulo do pino. Além disso, o aumento do ângulo do pino leva a uma distribuição uniforme da temperatura ao longo da espessura da chapa, o que é favorável à redução da distorção. A deformação plástica no nugget aumenta com o ângulo do pino. Da mesma forma, a taxa de deformação aumenta com o ângulo do pino até um valor crítico.

Soron e Kalaykov, 2007 [13], propuseram soluções sobre como criar percursos de ferramentas FSW com base na descrição geométrica de modelos cad para criar e exportar automaticamente para o sistema de controlo de execução. A ênfase é colocada na extração e avaliação da soldabilidade dos segmentos definidos, de modo a realizar uma soldadura robusta em geometrias complexas de cordões de soldadura.

Elangovan e Balasubramanian, 2008 [14], investigaram o efeito da velocidade de soldadura e do perfil do pino da ferramenta na formação da zona FSP na liga de alumínio AA2219. Cinco perfis diferentes de pinos de ferramenta (cilíndrico reto, cilíndrico cónico, cilíndrico roscado, triangular e quadrado) foram utilizados para fabricar as juntas a três velocidades de soldadura diferentes. Os resultados indicaram que, dos cinco perfis de pinos de ferramenta utilizados para fabricar as juntas, a ferramenta com perfil de pino quadrado produziu uma região FSP sem defeitos, independentemente das velocidades de soldadura.

Padmanaban e Balasubramanian, 2009 [15], tentaram selecionar o perfil adequado do pino da ferramenta, o diâmetro do ombro da ferramenta e o material da ferramenta para soldar por fricção a liga de magnésio AZ31B. Foram utilizados cinco perfis de pinos de ferramenta, cinco materiais de ferramenta e três diâmetros de ombro de ferramenta para fabricar as juntas. A partir desta investigação, foram retiradas as seguintes conclusões importantes:

1. As juntas fabricadas com ferramentas de aço de alto carbono com perfil de pino roscado e diâmetro de ombro de 18 mm (D/d = 3) exibiram propriedades de tração superiores às suas contrapartes.
2. A ausência de defeitos na região do nugget, a presença de grãos equiaxiais muito finos na região do nugget e a formação de um maior número de subgrãos na região do nugget são as principais razões para uma maior dureza e, subsequentemente, para propriedades de tração superiores.

Palanivel et al. 2010 [16], estudaram o efeito do perfil do pino da ferramenta nas propriedades mecânicas e metalúrgicas de juntas dissimilares AA6351-AA5083H111 produzidas por FSW. Foram desenvolvidos cinco perfis diferentes de pinos de ferramenta, tais como cilíndrico reto, cilíndrico roscado, quadrado, quadrado cónico e octógono cónico para soldar as juntas. Todas as soldaduras são produzidas perpendicularmente à direção de laminagem para ambas as ligas.

Foram tiradas as seguintes conclusões,

1. As ligas de alumínio dissimilares AA6351 e AA5283H111 podem ser soldadas por FSW sem qualquer defeito.
2. A resistência à tração do FS soldado é afetada pelo perfil do pino da ferramenta.
3. Entre os cinco perfis diferentes de pinos de ferramenta, a ferramenta quadrada reta proporciona maior resistência à tração quando comparada com outras ferramentas.
4. A estrutura do grão na FSP é fina e equiaxial em comparação com a TMAZ.

Wahab, 2012 [17], tentou compreender o efeito do perfil do pino da ferramenta e do diâmetro de rotação na microestrutura e nas propriedades mecânicas da liga de alumínio (2218-T72). Foram utilizados cinco perfis diferentes de pinos de ferramenta (cilíndrico reto, cilíndrico roscado, triangular, quadrado e cilíndrico roscado com plano), com três diâmetros de rotação diferentes (3, 4, 5) mm para fabricar a junta.

2.5 Propriedades mecânicas da soldadura por fricção

Cavaliere e Cerri, 2005 [18], afirmaram que as ligas de alumínio 2024 e 7075 foram unidas com sucesso através da soldadura por fricção de chapas com 2,5 mm de espessura. Os dois materiais foram soldados com direção de laminagem perpendicular. A microestrutura resultante foi amplamente investigada por microscopia ótica, evidenciando as diferenças de estrutura de grãos resultantes do processo. As propriedades mecânicas das juntas foram avaliadas por tração, mostrando um aumento líquido da resistência na direção longitudinal em relação à transversal.

Al-Ani, 2006 [19], investigou as propriedades mecânicas e microestruturais de juntas soldadas por fricção de uma liga de alumínio típica de endurecimento por precipitação de resistência média (7020-T6) com 4 mm de espessura. Foram estudados os efeitos dos principais parâmetros de soldadura, para além do desenho da ferramenta, sobre estas propriedades, incluindo a velocidade de rotação da ferramenta de soldadura, a velocidade de soldadura transversal e a profundidade de penetração da ferramenta de soldadura.

Sakthivel et al. 2009 [20], relatou que as soldas de alumínio foram feitas em várias velocidades de soldadura usando a técnica FSW. As soldaduras foram caracterizadas quanto às propriedades mecânicas e à investigação microestrutural. Foram tiradas as seguintes conclusões,

1. A microestrutura da pepita de solda consiste em grãos finos equiaxiais. Estes grãos são mais homogéneos a uma velocidade de soldadura mais baixa do que a uma velocidade de soldadura mais elevada. Da mesma forma, o tamanho da zona de soldadura torna-se mais largo quando se diminui a velocidade transversal, como resultado de uma grande quantidade de calor de fricção e de um fluxo de material fácil. A dureza da zona de soldadura diminui em comparação com o metal de base, mas a dureza aumenta ligeiramente com o aumento da velocidade de soldadura.
2. Observa-se que a resistência à tração final aumenta com a diminuição da velocidade de deslocação.

Urso et al. 2009 [21], apresentou o efeito dos parâmetros FSW para duas geometrias diferentes de ferramentas. Foi determinada uma gama de valores para a taxa de alimentação e velocidade de rotação para obter uma qualidade de soldadura aceitável. Tanto a velocidade de rotação como o avanço tiveram efeitos significativos no UTS. O desenho da ferramenta roscada para este estudo provou ser eficaz na soldadura por fricção de placas AA6060, apesar de não terem sido encontradas diferenças significativas em termos de UTS (em comparação com a ferramenta padrão). Os valores de deformação foram sempre inferiores para as juntas obtidas com a ferramenta roscada.

Azimzadegan e Serajzadeh, 2010 [22], investigaram o efeito da velocidade de rotação elevada nas alterações microestruturais e nas caraterísticas mecânicas de juntas soldadas por fricção. De acordo com as experiências, é possível a formação de vazios e fissuras durante a soldadura por fricção a alta velocidade de rotação. Foi revelado que existe uma velocidade de rotação óptima que permite obter a maior resistência à tração e o maior alongamento.

Rose et al. 2012 [23], relataram a influência da velocidade de soldadura nas propriedades de tração da liga de magnésio AZ61A soldada por fricção. As propriedades de tração das juntas foram avaliadas e correlacionadas com a microestrutura e a dureza da zona de agitação. A partir desta investigação, foi demonstrado que a velocidade de soldadura tem uma influência significativa na formação de defeitos na zona de agitação, no tamanho de grão da zona de agitação, na dureza da zona de agitação e, subsequentemente, nas propriedades de tração das juntas de liga de magnésio AZ61A soldadas por fricção.

Liu et al. 2012 [24], realizaram experiências FSW da liga de alumínio 2219-T6. Os resultados indicaram que, na zona do nugget de soldadura de todas as juntas, os grãos na parte central exibem um tamanho maior do que os das partes superior ou inferior. À medida que a velocidade de rotação ou de soldadura aumenta até um valor bastante elevado, forma-se um defeito de vazio na junta. Com o aumento da velocidade de rotação para uma velocidade de soldadura fixa ou com o aumento da velocidade de soldadura para uma velocidade de rotação fixa, as propriedades de tração das juntas aumentaram primeiro até um valor máximo e depois mostraram uma diminuição devido à ocorrência de defeitos de soldadura.

Zhang et al. 2012 [25], investigaram o efeito dos parâmetros de soldadura por fricção na microestrutura e nas propriedades mecânicas de juntas 2219Al-T6 com 5,6 mm de espessura. Os resultados indicaram que, existia uma gama óptima de parâmetros FSW para a liga 2219 Al-T6. As zonas de baixa dureza das juntas FSW 2219 Al-T6 podem estar localizadas na interface NZ/TMAZ, na TMAZ, ou na HAZ sob diferentes parâmetros de soldadura.

2.6 Tensões residuais FSW

Milan et al. 2007 [26], descreveram a determinação do campo de tensões residuais em juntas soldadas por fricção de chapas de liga de alumínio 2024-T3, utilizando o método de corte. Concluiu-se que, para a direção longitudinal, a região mais provável para a nucleação de fissuras de fadiga está localizada no lado de avanço da zona termomecanicamente afetada pelo calor, onde foi encontrado um valor máximo de tensão residual de tração. As tensões residuais de tração são mais elevadas no lado de avanço da soldadura, provavelmente devido à maior entrada de calor, resultante da maior velocidade relativa entre a ferramenta e o material. Por outro lado, as tensões residuais transversais têm uma forma semelhante a um arco, apresentando grandes tensões residuais de compressão perto dos bordos da peça de teste retangular e tensões residuais de tração de baixa magnitude no centro da placa.

Deplus et al. 2011 [27], realizaram uma análise das medições de tensão residual pelo método de corte utilizando dois métodos inversos diferentes: a mecânica da fratura elástica linear (LFEM) e o método dos elementos finitos (FEM). Ambos os métodos apresentam resultados muito semelhantes. As distribuições de tensão residual nas soldaduras do 5754-H111 mostraram um patamar no centro da soldadura, uma vez que não ocorre amolecimento. As distribuições de tensões residuais nas soldaduras de 2024-T3 e 6082-T6 apresentam-se em forma de "M", em que o valor do centro da soldadura depende da dureza relativa entre a zona afetada pelo calor e o cordão de soldadura imediatamente após a soldadura. A forma em "M" é mais pronunciada nas soldaduras 6082-T6 do que nas soldaduras 2024-T3 e é atribuída principalmente às alterações microestruturais no centro da soldadura.

Riahi e Nazari, 2011 [28], utilizaram um modelo termomecânico tridimensional sequencial para a soldadura FSW de Al 6061-T6. Os resultados numéricos indicam que o elevado gradiente de temperatura se encontra na região sob o ombro e não é assimétrico em relação à linha central da soldadura. A previsão mostrou que, na soldadura FSW, a tensão residual longitudinal é a componente de tensão dominante na soldadura. No entanto, os valores experimentais são muito inferiores aos valores previstos. Uma velocidade de deslocação mais elevada induz um valor mais elevado de tensão longitudinal na região mais estreita, o que está de acordo com os dados registados experimentalmente.

2.7 Observações finais

Do estudo efectuado, podem concluir-se as seguintes observações:

1. Cada uma das ligas de alumínio tem a sua própria conceção de ferramenta de soldadura e parâmetros na soldadura por fricção, e cada tipo destas ligas deve ser estudado separadamente para encontrar a conceção e os parâmetros ideais da ferramenta de soldadura.

2. O perfil reto e quadrado do pino da ferramenta confere maior resistência à tração quando comparado com outras ferramentas.
3. A distribuição da microestrutura de soldadura varia significativamente em função dos parâmetros FSW.
4. As propriedades mecânicas da soldadura variam significativamente em função dos parâmetros FSW.
5. As investigações anteriores não permitiram um estudo aprofundado dos parâmetros de conceção da ferramenta FSW, que constitui a base de trabalho desta tese, a fim de alcançar a conceção óptima da ferramenta de soldadura por fricção e obter as propriedades mecânicas óptimas que se realizam utilizando os parâmetros FSW óptimos.
6. Aproximadamente, as investigações anteriores não utilizaram as técnicas DOE e RSM para encontrar os parâmetros FSW óptimos do AA2024-T351, enquanto que há investigações que utilizaram outras técnicas de programação, tais como (ANN, GA, Taguchi).

Capítulo 3
Trabalho teórico
3.1 Metodologia de superfície de resposta

A metodologia de superfície de resposta (RSM) é um conjunto de técnicas matemáticas e estatísticas utilizadas para a construção de modelos empíricos e a análise de problemas, em que uma resposta de interesse é influenciada por diversas variáveis e o objetivo é otimizar essa resposta [29]. Tem sido amplamente utilizada em diferentes aplicações e domínios da engenharia. A RSM é importante na conceção, formulação, desenvolvimento e análise de novos estudos e produtos científicos. É também eficiente na melhoria de estudos e produtos existentes. A aplicação da RSM à otimização da conceção visa reduzir o custo de métodos de análise dispendiosos (por exemplo, o método dos elementos finitos ou a análise CFD) e o ruído numérico que lhes está associado. Através de uma conceção cuidadosa das experiências, o objetivo é otimizar uma resposta (variável de saída) que é influenciada por diversas variáveis independentes (variáveis de entrada). Uma experiência é uma série de testes, designados por ensaios, em que são efectuadas alterações nas variáveis de entrada para identificar as razões das alterações na resposta de saída. As vantagens do projeto de experiências, tal como analisadas por Aggarwal e Singh [6], são as seguintes (1) O número de ensaios é reduzido. (2) Os valores óptimos dos parâmetros podem ser determinados. (3) A avaliação do erro experimental pode ser efectuada. (4) É possível efetuar uma estimativa qualitativa dos parâmetros. (5) É possível efetuar inferências sobre o efeito dos parâmetros nas caraterísticas do processo.

A eficiência da RSM é significativamente influenciada pela seleção adequada dos modelos experimentais. O projeto central composto (CCD) é uma das classes mais populares de projectos para ajustar superfícies de resposta, construindo o modelo de regressão de segunda ordem (quadrático) para prever as respostas. Além disso, a caraterística mais importante do CCD é a propriedade esférica ou de rotacionalidade, ou seja, a variância de

As respostas previstas são as mesmas em todos os pontos que estão à mesma distância do centro de projeto.

Assim, na presente tese, a RSM foi utilizada usando CCD para estabelecer modelos de previsão de algumas respostas (propriedades mecânicas) em função de factores de entrada (velocidade de soldadura e velocidade de rotação) durante o processo FSW da liga de alumínio 2024-T351 usando o desenho ótimo da ferramenta.

Além disso, a otimização numérica foi utilizada para otimizar os parâmetros de entrada para obter respostas máximas.

Capítulo 4

Trabalho experimental

4.1 Introdução:

Este capítulo apresenta uma descrição do material e dos provetes de ensaio utilizados no trabalho experimental.

A caraterística importante do FSW é a conceção do ombro da ferramenta e do sistema de pinos (ou sonda). A conceção da ferramenta é fundamental para a formação de uma soldadura de boa qualidade. No caso da junta de topo, o trabalho experimental foi dividido nas seguintes etapas:

1. Seleção da liga de alumínio e preparação das chapas antes da soldadura.
2. Fabrico e seleção de ferramentas de soldadura.
3. Preparação dos grampos e dos dispositivos de fixação.
4. Seleção da ferramenta ideal utilizando velocidades de rotação e de soldadura adequadas do processo FSW.
5. Seleção dos parâmetros FSW óptimos utilizando a seleção óptima de ferramentas.
6. Soldadura das placas preparadas com diferentes geometrias de ferramentas.
7. Avaliação da qualidade das juntas soldadas através de ensaios de tração, flexão e dureza.
8. Medição das tensões residuais induzidas utilizando a técnica de difração de raios X.

4.2 Conceção e fabrico das ferramentas de soldadura

A conceção da ferramenta é a chave para a aplicação bem sucedida do processo a uma maior gama de materiais e a uma maior gama de espessuras.

Para obter uma conceção óptima, foram utilizadas quatro ferramentas diferentes com perfis de pinos (cilíndrico reto, cilíndrico escalonado, prisma reto de três lados e bloco quadrado reto) e ombro cilíndrico reto. As ferramentas de soldadura por fricção foram fabricadas por máquinas de torneamento e fresagem CNC, estas ferramentas de soldadura por fricção foram fabricadas a partir de aço para ferramentas rotulado como X12M (densidade ρ = 7800 kg/m^3, calor específico Cp = 500J/kg.°C e condutividade térmica k = 40 W/m.°C). O tratamento térmico da ferramenta inclui o aquecimento do metal a 1020°C durante 30 min e depois o arrefecimento ao ar até à temperatura ambiente, o que dá uma dureza de 58 HRC [30], a sua composição química está tabelada na Tabela 4.1 juntamente com o material padrão da ferramenta. As dimensões das ferramentas FSW são apresentadas na Tabela 4.2 e nas Figuras 4.1 a 4.10.

Tabela 4.1: Composição química do aço para ferramentas X12M

Elemento	C	Si	Mn	P	S	Cr	Cu	Ni	V
Padrão [30]	1.800 - 2.400	<0.400	<0.600	<0.030	<0.030	12.000 - 15.000	<0.250	<0.500	<0.300

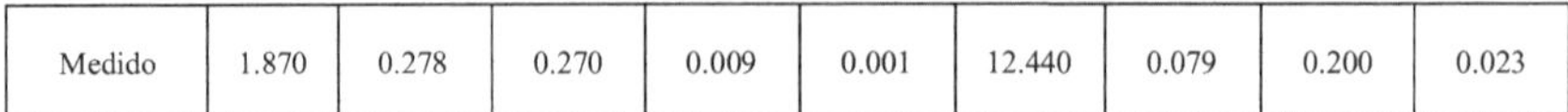

Medido	1.870	0.278	0.270	0.009	0.001	12.440	0.079	0.200	0.023

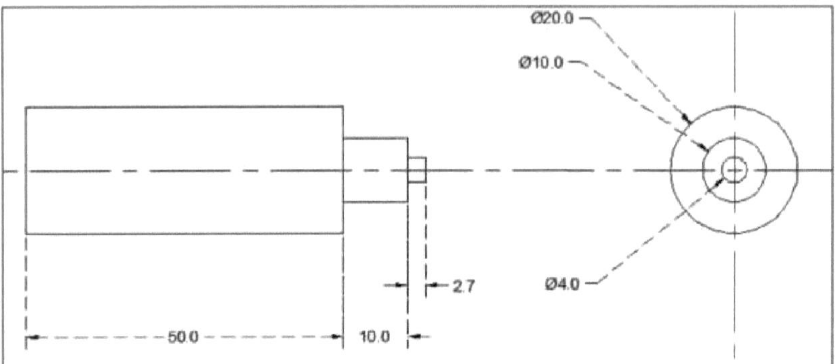

Figura 4.1: Desenho de projeto para a ferramenta FSW n.º 1 (pino cilíndrico reto com ombro de superfície plana)

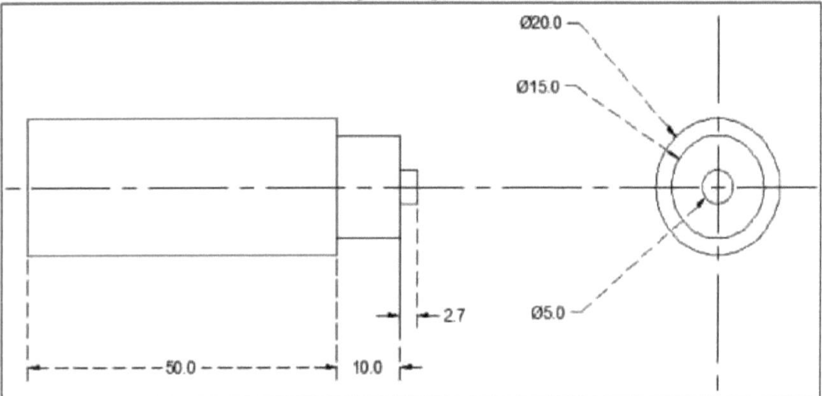

Figura 4.2: Desenho da ferramenta FSW n.º 2 (pino cilíndrico reto com superfície plana)

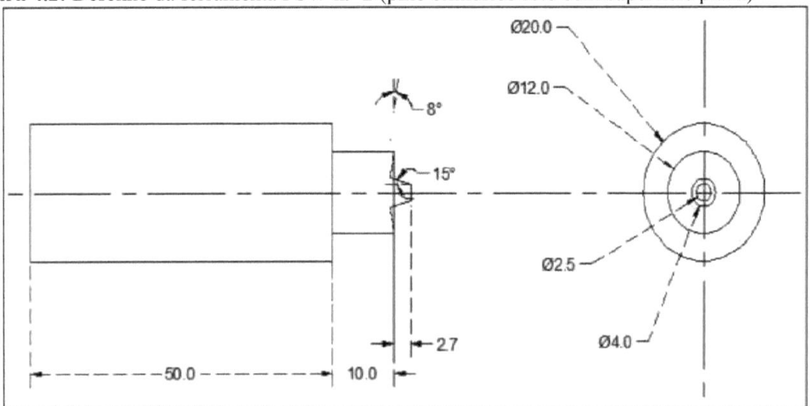

Figura 4.3: Desenho de projeto da ferramenta FSW n.º 3 (pino cilíndrico escalonado com superfície de ombro de aresta chanfrada com ângulo de inclinação de 8°)

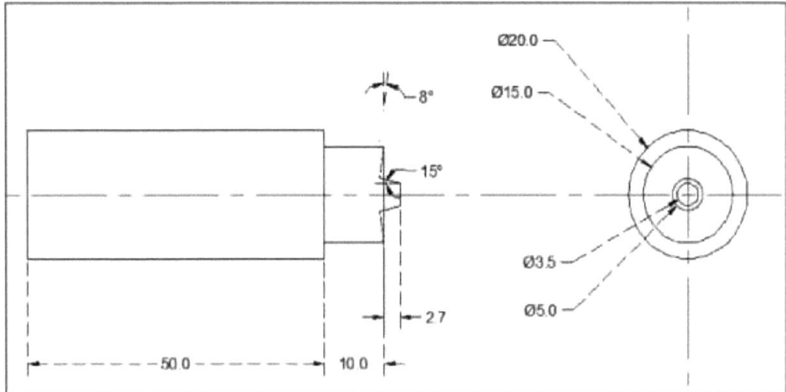

Figura 4.4: Desenho de projeto da ferramenta FSW n.º 4 (pino cilíndrico escalonado com superfície de ombro de aresta chanfrada com ângulo de inclinação de 8°)

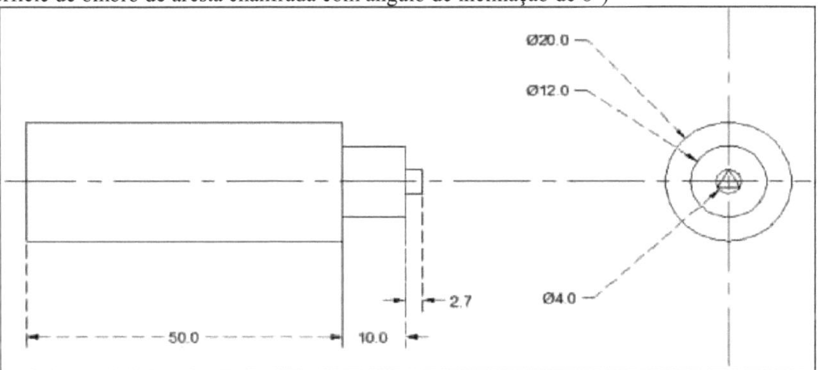

Figura 4.5: Desenho de projeto para a ferramenta FSW n.º 5 (cavilha prismática reta de três lados com ombro de superfície plana)

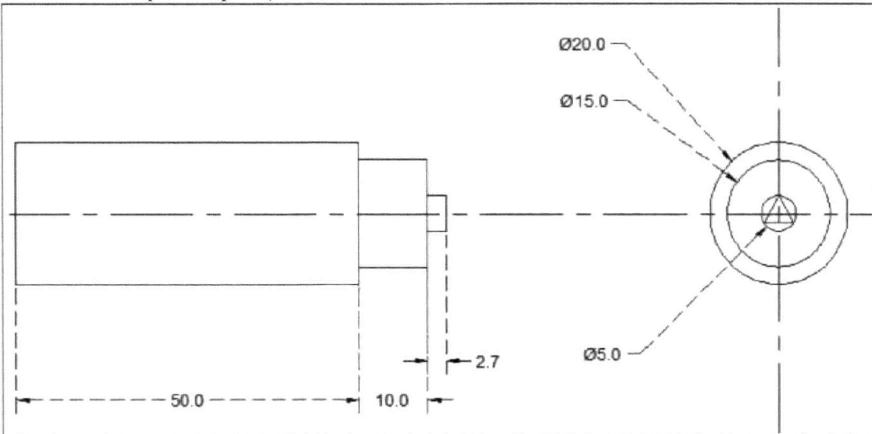

Figura 4.6: Desenho de projeto para a ferramenta FSW n.º 6 (cavilha prismática reta de três lados com ombro de superfície plana)

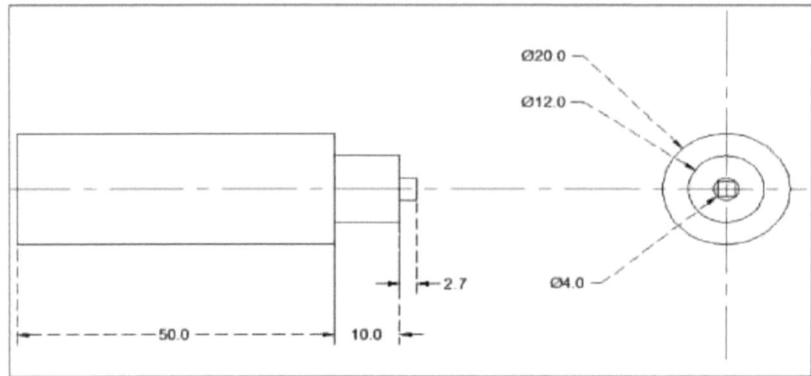

Figura 4.7: Desenho de projeto da ferramenta FSW n.º 7 (cavilha quadrada reta com superfície plana)

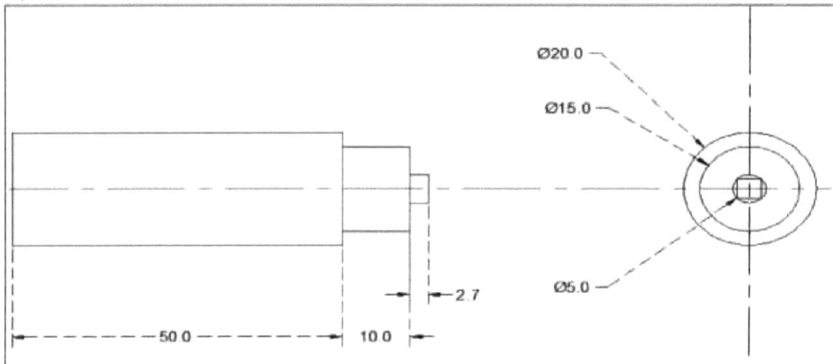

Figura 4.8: Desenho da ferramenta FSW n.º 8 (cavilha quadrada reta com superfície plana)

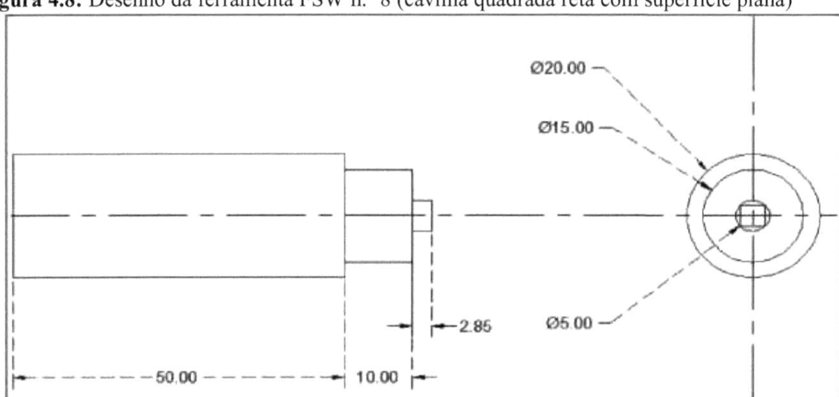

Figura 4.9: Desenho da ferramenta FSW n.º 9 (cavilha quadrada reta com superfície plana)

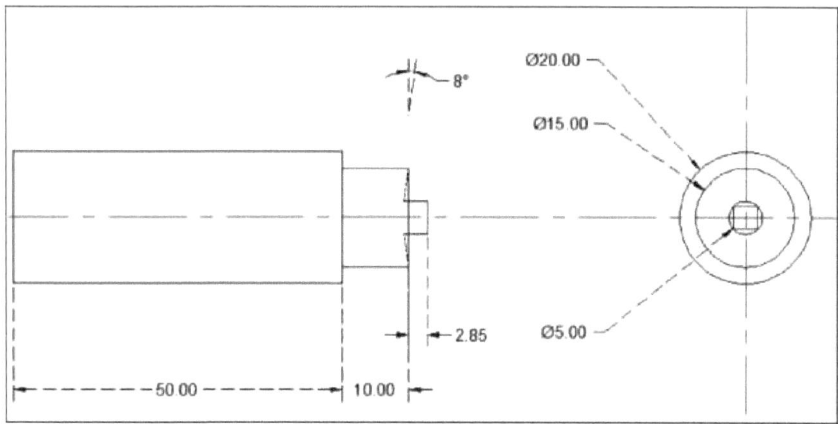

Figura 4.10: Desenho de projeto para a ferramenta FSW n.º 10 (cavilha quadrada reta com superfície de ombro de bordo chanfrado com um ângulo de inclinação de 8°)

Tabela 4.2: Dimensões das ferramentas FSW

Descrição do pino	Ferramenta FSW N.º.	Diâmetro de rotação (mm)	Diâmetro do ombro (mm)	Superfície do ombro	Comprimento do pino (mm)
Cilíndrico reto	FST1	4	10	Plano	2.7
	FST2	5	15	Plano	2.7
Degrau cilíndrico	FST 3	4	12	Ângulo de inclinação do bordo chanfrado de 8°	2.7
	FST 4	5	15	Ângulo de inclinação do bordo chanfrado de 8°	2.7
Prisma reto de faces triplas	FST 5	4	12	Plano	2.7
	FST 6	5	15	Plano	2.7
Bloco quadrado reto	FST 7	4	10	Plano	2.7
	FST 8	5	15	Plano	2.7
	FST 9	5	15	Plano	2.85

	FST10	5	15	Ângulo de inclinação do bordo chanfrado de 8°	2.85

4.3 Seleção da liga de alumínio e preparação das placas antes da soldadura

O material de base utilizado nesta investigação é o 2024-T351, que foi obtido num mercado local com uma espessura de (3,2 mm). A liga de alumínio AA2024-T351 é uma liga de grau Al-Cu-Mg da série 2xxx, tratável termicamente, de ligas de resistência média. Uma peça desta liga foi analisada para determinar a sua composição química através do aparelho Spectro, como se mostra na Tabela 4.3, com o material padrão de acordo com a ASTM B209M e as propriedades mecânicas padrão da liga de alumínio AA2024-T351, apresentadas na Tabela 4.4.

Tabela 4.3: Composições químicas padrão e experimentais da liga de alumínio AA2024-T351 (wt%)

X\wt% Material \	Si	Fe	Cu	Mn	Mg	Cr	Zn
Padrão [31]	<0.500	<0.500	3.800 4.900	0.300 0.900	1.200 1.800	<0.100	<0.250
Medido	0.121	0.265	3.800	0.511	1.370	0.009	0.134

Tabela 4.4: Propriedades mecânicas padrão e experimentais da liga de alumínio AA2024-T351

Material do imóvel	6y (Mpa)	6u (Mpa)	EL. (%)
Valor padrão [31]	>290	>435	>15
Medido	327	438	17.3

4.4 Preparação das abraçadeiras e dos dispositivos de fixação

A conceção dos dispositivos de fixação para este trabalho foi, em grande parte, de carácter manual. A soldadura foi efectuada num dispositivo de fixação e numa placa de metal plana (placa de apoio) especialmente fabricada; tratava-se de uma placa de aço de (280*280*20) mm situada na mesa da máquina (Figura 4.11).

A fixação da junta de topo no lugar da placa de apoio consistiu em duas peças de aço de fixação (340*50*15) mm, como se mostra na (Figura 4.11).

Cada peça foi fixada à mesa da máquina com dois parafusos (M19) que fixam a junta de topo em ambos os lados e acima na direção paralela ao eixo da soldadura.

Figura 4.11: Placa de suporte de soldadura e dispositivos de fixação em utilização para FSW

O material de base deve ser cortado no tamanho requerido (200 mm * 100 mm * 3,2 mm) por uma serra eléctrica para FSW, e a borda da placa foi retificada para garantir que não haja espaço entre as duas placas.

4.5 Seleção da conceção óptima da ferramenta utilizando velocidades de rotação e de soldadura adequadas do processo FSW

Para obter juntas soldadas por fricção de alta qualidade com elevadas propriedades mecânicas, ou seja, elevada eficiência de soldadura, os principais parâmetros de soldadura (velocidade de rotação e velocidade de soldadura) devem ser cuidadosamente selecionados para equilibrar o efeito de cada parâmetro na quantidade de calor introduzido durante a soldadura.

As velocidades de rotação e de soldadura foram escolhidas de acordo com o parâmetro auto-optimizado sugerido num trabalho anterior [19], pelo que a velocidade de rotação da ferramenta foi mantida constante a 980 rpm, e a velocidade de soldadura foi também mantida constante a 20 mm/min (ver Tabela 4.5). Os ensaios FSW foram efectuados numa fresadora vertical com uma configuração de junta de topo quadrada.

Tabela 4.5: Experiências FSW utilizadas para obter a seleção óptima da ferramenta a velocidades de rotação e de soldadura adequadas para FSW

Número da experiência	Ferramenta FSW N.º.	Velocidade de soldadura (mm/min)	Velocidade de rotação (rpm)
TESTE1	FST1	20	980

TESTE2	FST2	20	980
TESTE3	FST3	20	980
TESTE4	FST4	20	980
TESTE5	FST5	20	980
TESTE6	FST6	20	980
TESTE7	FST7	20	980
TESTE8	FST8	20	980
TESTE9	FST9	20	980
TESTE10	FST10	20	980

4.6 Seleção dos parâmetros FSW óptimos utilizando a conceção óptima da ferramenta

A gama de velocidades de rotação utilizada para a soldadura variou entre 725 e 1235 rpm, enquanto as velocidades de soldadura variaram entre 6 e 34 mm/min (ver Tabela 4.6).

Tabela 4.6: Matriz de conceção experimental utilizada para obter as velocidades de rotação e de soldadura óptimas do FSW (com seleção óptima da ferramenta)

Número da experiência	Ferramenta FSW N.º.	Velocidade de soldadura (mm/min)	Rotacional Velocidade (rpm)
TESTE 11	FST8	10	800
TESTE12	FST8	30	800
TESTE 13	FST8	10	1160
TESTE14	FST8	30	1160
TESTE 15	FST8	6	980
TESTE 16	FST8	34	980

TESTE 17	FST8	20	725
TESTE 18	FST8	20	1235
TESTE 19	FST8	20	980
TESTE20	FST8	20	980
TESTE21	FST8	20	980
TESTE22	FST8	20	980
TESTE23	FST8	20	980

4.7 Soldadura das placas preparadas com diferentes geometrias de ferramentas

4.7.1 Máquina

O processo requer a utilização de uma máquina capaz de uma vasta gama de velocidades do fuso, a capacidade de aplicar uma pressão significativa na direção do eixo Z, a capacidade de iniciar e parar a rotação do fuso numa posição quase instantânea e a rigidez durante a soldadura.

A máquina de soldar utilizada neste trabalho foi uma máquina de fresar (NC). Uma imagem da máquina pode ser vista na Figura 4.12 .

As especificações desta máquina são:

- Potência do motor 2 H.P.
- Velocidade de rotação do fuso 50-2500 rpm.
- Velocidade de alimentação (velocidade de soldadura) 6-630 mm/min.

Figura 4.12: Fresadora NC utilizada para FSW

4.7.2 Procedimento de soldadura

A peça de trabalho da placa de alumínio foi fixada num local pré-determinado na placa de fixação do suporte e fixada no lugar. A mesma localização foi utilizada para todas as placas deste estudo. A ferramenta foi então posicionada diretamente sobre a localização do mergulho e o pino foi colocado em contacto com a superfície superior da peça de trabalho.

Cada ferramenta mergulha lentamente entre as duas chapas que devem ser soldadas até que o ombro da ferramenta toque na superfície da chapa. A ferramenta foi então deixada em repouso durante 30-40 segundos para permitir que o ombro pré-aqueça a peça de trabalho durante a soldadura. Após o tempo de espera, a ferramenta começou a deslocar-se ao longo da linha de soldadura com a ferramenta selecionada. Quando uma soldadura completa tiver sido feita, o orifício piloto será soldado e o pino foi estacionado acima da soldadura. Quando a ferramenta estava estacionada, era arrastada e era deixado um orifício de estacionamento, como se mostra na Figura 4.13. Este procedimento é utilizado para fabricar uma junta para cada experiência FSW.

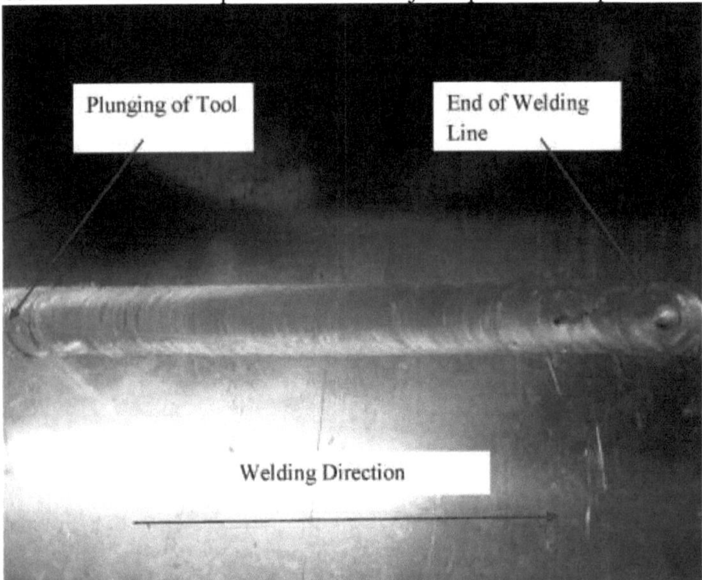

Figura 4.13: Amostra soldada explicou a direção da soldadura, o início e o fim da junta soldada

4.8 Avaliação da qualidade de juntas soldadas através de ensaios de tração, flexão e dureza

4.8.1 Ensaio de tração

O ensaio de tração foi realizado em amostras colhidas numa direção perpendicular à soldadura para determinar as propriedades de tração das juntas de soldadura para ambos os processos de soldadura. A forma e as dimensões dos provetes de tração transversal de acordo com a ASTM (E 8M) são apresentadas na Figura 4.14. Todos os ensaios de tração foram realizados à temperatura ambiente e a uma taxa de carga constante (5 mm/min) por uma máquina de ensaios universal computorizada, que tem uma capacidade máxima de (1000 kN). Depois, a média dos três espécimes foi tomada para avaliar o comportamento à tração de cada junta soldada.

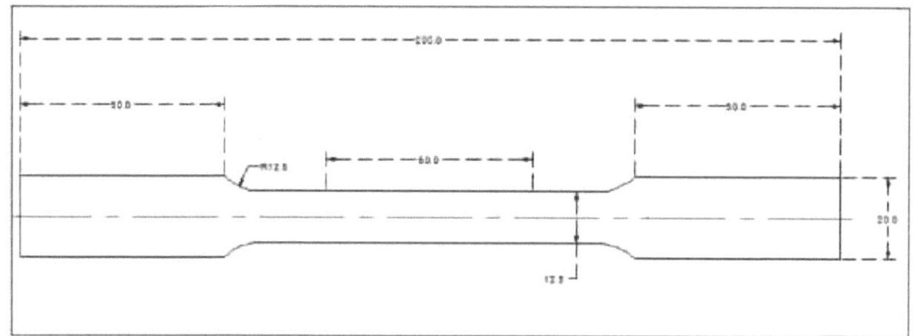

Figura 4.14: Provete de ensaio de tração (todas as dimensões em mm) ASTM (E 8M)

4.8.2 Ensaio de flexão

Foi efectuado um ensaio de flexão de três pontos para determinar a força de flexão máxima das juntas soldadas. Os ensaios de flexão foram efectuados com um diâmetro anterior igual a 30 mm e uma distância entre centros igual a 90 mm. A forma e as dimensões dos provetes de flexão transversal de acordo com a ASTM (E 190) são apresentadas na Figura 4.15. As dimensões dos provetes de flexão eram (152,4 x 38,1 x 3,2) mm. O ensaio de flexão foi efectuado à temperatura ambiente por uma máquina de ensaios universal, como se mostra na Figura 4.16.

Figura 4.15: Provete de ensaio de flexão (todas as dimensões em cm) ASTM (E 190)

Figura 4.16: Flexão do provete soldado por fricção

4.8.3 Teste de distribuição de microdureza

O teste de microdureza das juntas soldadas foi efectuado por um medidor de microdureza digital, como se mostra na Figura 4.17. As medições de microdureza foram efectuadas em eixos horizontais utilizando um indentador piramidal com uma carga de 0,5 kg e um tempo de carga de 10 segundos, de acordo com a norma ASTM-E384. A superfície do provete foi preparada em diferentes graus para obter uma superfície plana adequada. O perfil de microdureza foi registado na superfície preparada em dois eixos, com intervalos de 2 mm entre as medições vizinhas.

Figura 4.17: Medidor digital de microdureza

Capítulo 5

Resultados e discussão

5.1 Resultados do exame visual

Quando várias juntas soldadas foram obtidas com diferentes geometrias de ferramentas de soldadura, são utilizadas várias técnicas de inspeção ou exame não destrutivo para avaliar a qualidade das juntas soldadas e para completar os ensaios destrutivos das juntas soldadas sem defeitos. A técnica utilizada é o exame visual [17]. O exame visual da junta soldada é efectuado em três fases:

5.1.1 Antes da soldadura

Depois de as peças serem montadas em posição para soldadura, é necessário verificar a junta de soldadura quanto à abertura da raiz, à preparação dos bordos e a outras caraterísticas que possam afetar a qualidade da soldadura, pelo que devem ser verificadas as seguintes condições

1. Procedimentos de soldadura e regulação de máquinas.
2. Preparação, dimensão e limpeza das juntas.
3. As duas partes (chapas) a soldar têm bordos bem acabados e estão fixas uma à outra (borda a borda) sem um espaço entre elas. Se este espaço existir, afectará a qualidade da soldadura e as juntas soldadas terão um defeito na linha de soldadura.
4. As duas placas a soldar são fixadas corretamente no dispositivo de fixação para evitar que as placas se movam durante a soldadura.

5.1.2 Durante a soldadura

O segundo exame visual durante o processo FSW é efectuado para verificar:

1. Formação das faces de soldadura pelo ombro da ferramenta e quaisquer defeitos encontrados nesta face, como vazios no ombro, Figura 5.1.
2. Excesso de flash de metal devido à elevada profundidade da ferramenta de mergulho, Figura 5.2.
3. Estilo das faces de soldadura (lisas ou rugosas).

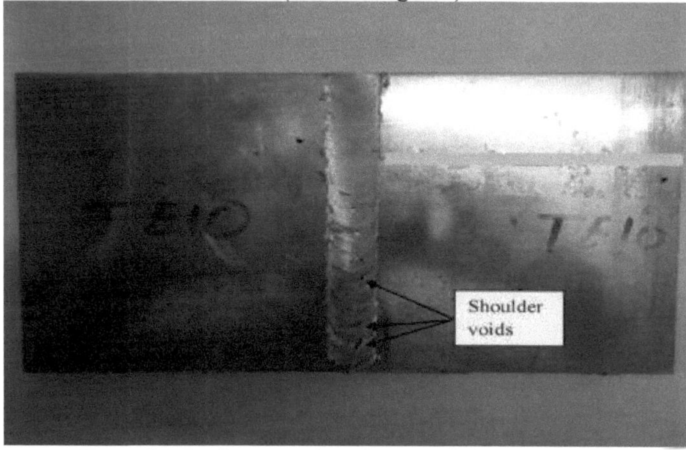

Figura 5.1: Vazios nos ombros (v=30mm/min, ro=1250rpm)

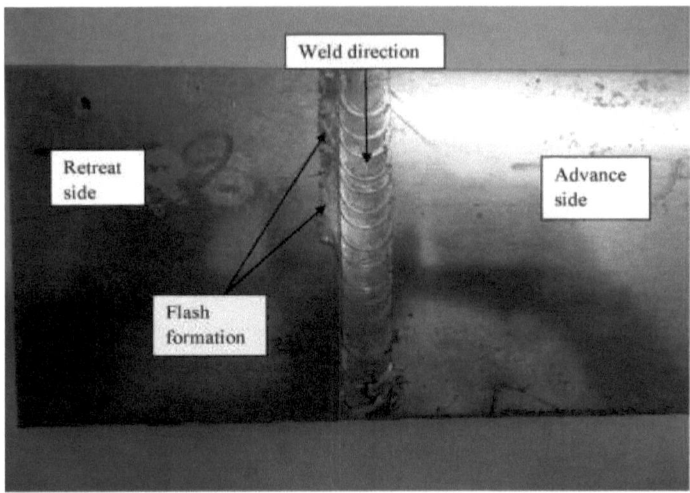

Fig 5.2: Formação de flash (v=10mm/min, ro=800rpm)

5.1.3 Após a soldadura

Os itens que são verificados por inspeção visual após a soldadura incluem a profundidade do mergulho (utilizando um vernier), o aspeto final da soldadura, as fissuras na superfície posterior e a falta de penetração, como se mostra na Figura 5.3.

Figura 5.3: Fissuras na superfície posterior (v=20mm/min, ro=980rpm)

5.2 Análise de defeitos de soldadura FSW para NDT

De acordo com os resultados do exame visual, os defeitos de soldadura podem ser resumidos e analisados da seguinte forma:

1. Em alguns casos, o pino da ferramenta está partido (o pino separa-se do ombro), especialmente no caso dos cilíndricos rectos. As razões para este defeito são algumas fissuras no pino durante o fabrico ou uma baixa entrada de calor no início da linha de soldadura das juntas. Estes defeitos podem ser eliminados melhorando o parâmetro de corte durante o fabrico das ferramentas e aumentando (pré-aquecimento) o aporte de calor, colocando a ferramenta de soldadura na posição de início da soldadura (45 segundos).

2. A fissura na superfície posterior na linha central da soldadura (Figura 5.3) deve-se à alteração da tensão de compressão na linha central da soldadura e tensão afastada da linha central da soldadura no final da soldadura para tensão na linha central da soldadura e compressão afastada da linha central da soldadura quando arrefece.
3. A falta de penetração ocorre quando o comprimento da cavilha é inferior à espessura das chapas a soldar, ou quando o ombro da ferramenta não toca totalmente nas superfícies das chapas.
4. O excesso de flash, os vazios nos ombros e os defeitos são visíveis a olho nu e são atribuídos a parâmetros familiares de soldadura e à forma da ferramenta que não estão corretos. A razão para este defeito são as cargas de força de mergulho inadequadas e o seguimento incorreto da junta.
5. Formação de vazios, a razão para este defeito é o fluxo insuficiente do metal plastificado.

5.3 Determinação da ferramenta óptima

5.3.1 Resultados dos ensaios destrutivos

Após a realização das experiências, as juntas soldadas foram examinadas visualmente e as soldaduras com bom aspeto de superfície foram escolhidas e maquinadas em amostras de ensaio normalizadas para os ensaios mecânicos (de acordo com a ASTM (E 8M) para o ensaio de tração e a ASTM (E 190) para o ensaio de flexão).

5.3.1.1 Resultados dos ensaios de tração e flexão

Foram efectuados ensaios de tração e de flexão, como se mostra nas Figuras 5.4, 5.5 e 5.6, e os resultados foram divididos de acordo com o perfil do pino da ferramenta. De notar que os valores de ensaio do metal de base são (438 MPa) e (1520 N).

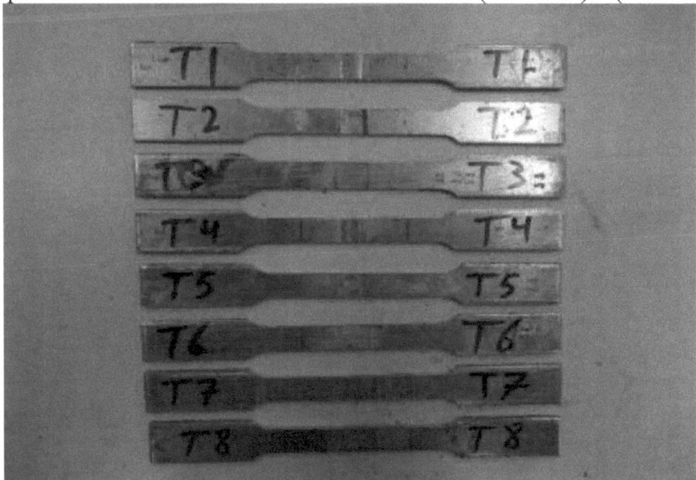

Figura 5.4: Espécimes de ensaio de tração antes do ensaio

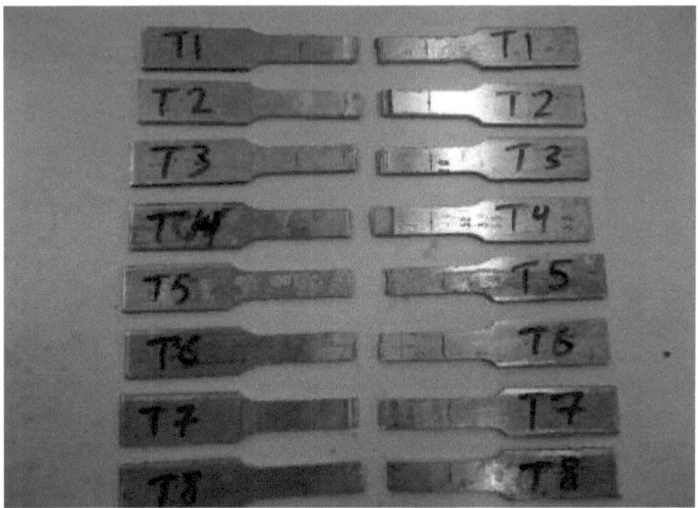

Figura 5.5: Espécimes de ensaio de tração após o ensaio

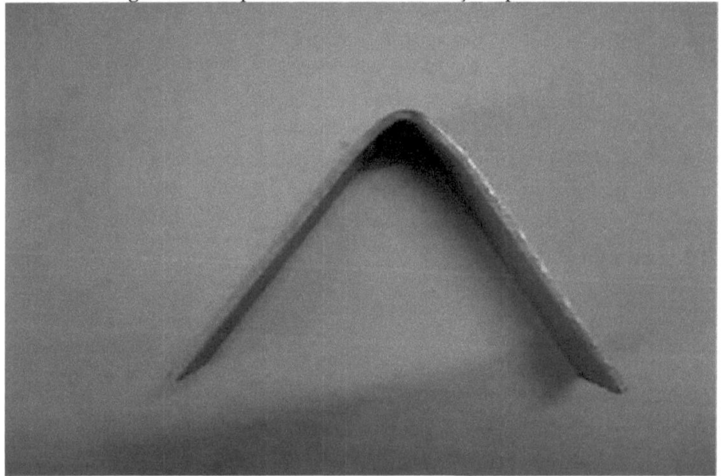

Figura 5.6: Provete de ensaio de flexão após o ensaio

1- Perfil de pino cilíndrico reto (série F1):

A série F1 caracteriza-se pela alteração do diâmetro da cavilha de 4 mm para 5 mm e do diâmetro do ombro de 10 mm para 15 mm, o que significa que a primeira ferramenta com dp=4 mm, D=10 mm, $\frac{D}{dp}$ = 2,5, Lp=2,7 mm, e a segunda ferramenta com dp=5 mm, D=15 mm, $\frac{D}{dp}$ = 3, Lp=2,7 mm.

Na série F1, o material plástico flui à volta do pino. No TESTE1, a utilização da primeira ferramenta produz uma soldadura com a maior resistência à tração final em comparação com o TESTE2 que utilizou a segunda ferramenta, Figura 5.7. O aumento da resistência da soldadura com a primeira ferramenta é atribuído ao aumento da geração de calor e ao fluxo de material plástico. Além disso, a tensão de flexão atinge o valor máximo nesta série com a primeira ferramenta. A Tabela 5.1 mostra que a resistência à tração, a tensão de flexão e a eficiência da junta de soldadura aumentam no TESTE1.

$$\text{Welding Efficiency} = \frac{\text{Tensile strength of current test}}{\text{Tensile strength of base metal}}$$

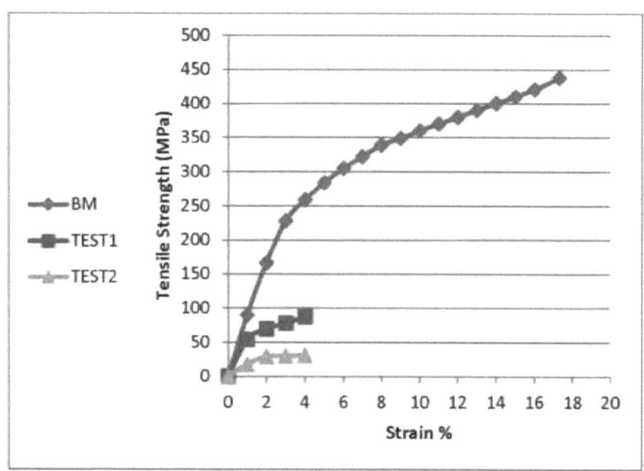

Figura 5.7: Curvas tensão-deformação de tração comparando os ensaios da série Fl com o ensaio do metal de base (BM)

Tabela 5.1: Resultados dos ensaios de tração e flexão da série Fl

FSW Exp.	Módulo de elasticidade (GPa)	Resistência à tração final (MPa)	Alongamento (%)	Eficiência de soldadura (%)	Força máxima de flexão (N)
BM	63	438	17.3	-	1520
TESTE1	69	87.4	3.8	20	1020
TESTE2	19	31.1	4.4	7	105

Perfil de pino cilíndrico de 2 degraus (série F2):

A série F2 caracteriza-se pela alteração do diâmetro da cavilha de 4 mm para 5 mm e do diâmetro do ombro de 12 mm para 15 mm, o que significa que a terceira ferramenta com d_p=4 mm, D=12 mm, $\frac{D}{dp}$ = 3, ângulo da cavilha=8°, L_p=2,7 mm, e a quarta ferramenta com d_p=5 mm, D=15 mm, $\frac{D}{dp}$ = 3, ângulo da cavilha=8°, L_p=2,7 mm.

No caso dos perfis de pinos cilíndricos escalonados, grande parte do movimento dos materiais ocorre por simples extrusão e parece não haver movimento vertical do material, o que aparentemente é necessário para estabilizar a zona de rotação e proporcionar uma deformação suficiente do material para obter uma soldadura sólida.

No TESTE3, a utilização da terceira ferramenta produz uma soldadura com a maior resistência à tração em comparação com o TESTE4 que utilizou a quarta ferramenta, Figura 5.8. Além disso, a tensão de flexão atinge o valor máximo nesta série com a terceira ferramenta. A Tabela 5.2 mostra que a resistência à tração, a tensão de flexão e a eficiência da junta de soldadura (relação entre a resistência à tração da peça soldada e a resistência à tração do metal de base) aumentam no TESTE3.
Comparando esta série com a série F1, verifica-se que há um elevado aumento das propriedades mecânicas devido ao efeito da forma cónica.

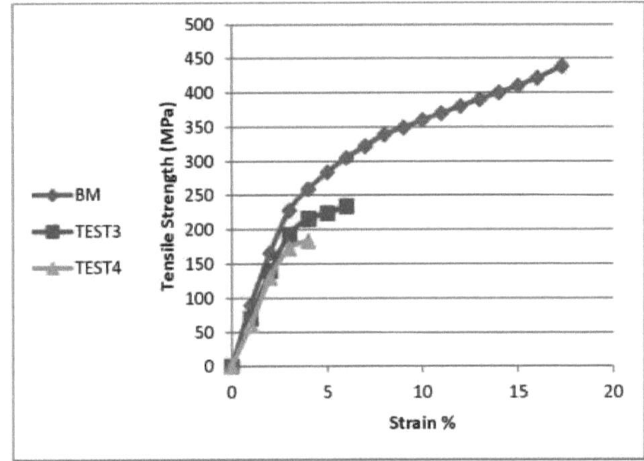

Figura 5.8: Curvas tensão-deformação de tração comparando os ensaios da série F2 com o ensaio do metal de base (BM)

Tabela 5.2: Resultados dos ensaios de tração e flexão da série F2

FSW Exp.	Módulo de elasticidade (GPa)	Resistência à tração final (MPa)	Alongamento (%)	Eficiência de soldadura (%)	Força máxima de flexão (N)
TESTE3	71	234	6	53	1430
TESTE4	65.5	183.4	4.5	42	1120

3- Perfil de pino de prisma reto de três lados (série F3):

A série F3 caracteriza-se pela alteração do diâmetro da cavilha de 4 mm para 5 mm e do diâmetro do ombro de 12 mm para 15 mm, o que significa que a quinta ferramenta com $d_{p=4}$ mm, D=12 mm, $\frac{D}{dp} = 3$, $L_{p=2,7}$ mm, e a sexta ferramenta com $d_{p=5}$ mm, D=15 mm, $\frac{D}{dp} = 3$, $L_{p=2,7}$ mm.

Na ferramenta de perfil de pino de prisma triangular reto, a área de fricção entre o lado da sonda e o material de soldadura é limitada perto de três arestas vivas, o que é muito pequeno do que o de outras ferramentas. Além disso, a área do fundo do pino triangular é mais pequena do que a das ferramentas de pinos cilíndricos. Uma vez que uma área de fricção maior gera uma quantidade maior de calor de fricção, o calor de fricção gerado pela sonda triangular pode ser menor do que o gerado pelas ferramentas de coluna. Consequentemente, no caso da cavilha triangular, a temperatura da superfície do fundo do é sempre inferior à das outras, devido à falta de agitação na zona de processamento da agitação por fricção.

No TESTE5, a utilização da quinta ferramenta produz uma soldadura com a maior resistência à tração final, em comparação com o TESTE6 que utilizou a sexta ferramenta, como se mostra na Figura 5.9. Além disso, a tensão de flexão atinge o valor máximo nesta série com a terceira ferramenta. A Tabela 5.3 mostra que a resistência à tração, a tensão de flexão e a eficiência da junta soldada aumentam no TESTE5. Comparando esta série com as séries F1 e F2, verificou-se que há um aumento da propriedade mecânica devido ao efeito da forma cónica.

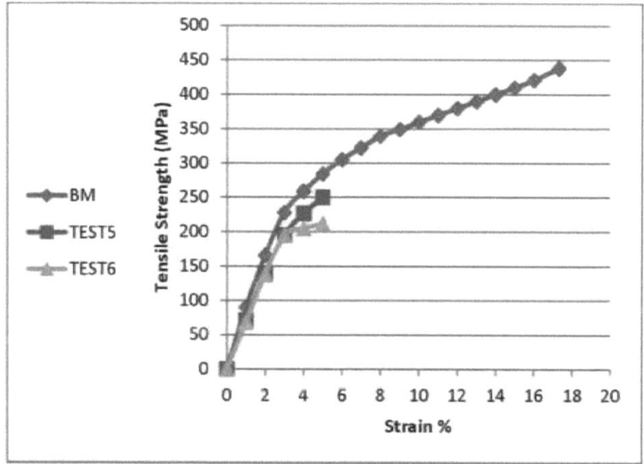

Figura 5.9: Curvas tensão-deformação de tração comparando os ensaios da série F3 com o ensaio do metal de base (BM)

Tabela 5.3: Resultados dos ensaios de tração e flexão da série F3

FSW Exp.	Módulo de elasticidade (GPa)	Resistência à tração final (MPa)	Alongamento (%)	Eficiência de soldadura (%)	Força máxima de flexão (N)
TESTE5	66	250	4.9	57	1370
TESTE6	68.4	212	4.8	48	1040

4- Perfil de pino de bloco quadrado reto (série F4):

A série F4 caracteriza-se pela alteração do diâmetro da cavilha de 4 mm para 5 mm e do diâmetro do ombro de 10 mm para 15 mm, o que significa que a sétima ferramenta com d_p=4 mm, D=10 mm, $\frac{D}{dp}$ = 2,5, L_p=2.7 mm, e a oitava ferramenta com d_p=5 mm, D=15 mm, $\frac{D}{dp}$ = 3, L_p=2,7 mm, e a nona ferramenta com d_p=5 mm, D=15 mm, $\frac{D}{dp}$ = 3, L_p=2,85 mm, e a décima ferramenta com d_p=5 mm, D=15 mm, $\frac{D}{dp}$ = 3, ângulo de inclinação da aresta chanfrada de 8°, L_p=2,85 mm.

Durante a agitação, a ferramenta de bloco quadrado reto varre uma grande quantidade de metal da zona plastificada e resulta numa estrutura não homogénea.

No TESTE8, a utilização da oitava ferramenta produz uma soldadura com a maior resistência à tração final, quando comparada com o TESTE7, que utiliza a sétima ferramenta, o TESTE9, que utiliza a nona ferramenta, e o TESTE10, que utiliza a décima ferramenta, como se mostra na Figura 5.10. Além disso, a tensão de flexão atinge o valor máximo nesta série com a oitava ferramenta. A Tabela 5.4 mostra que a resistência à tração, a tensão de flexão e a eficiência da junta de soldadura aumentam no TESTE8.

Comparando esta série com as séries F1, F2 e F3, verifica-se que há um aumento da propriedade mecânica devido ao efeito da forma quadrada.

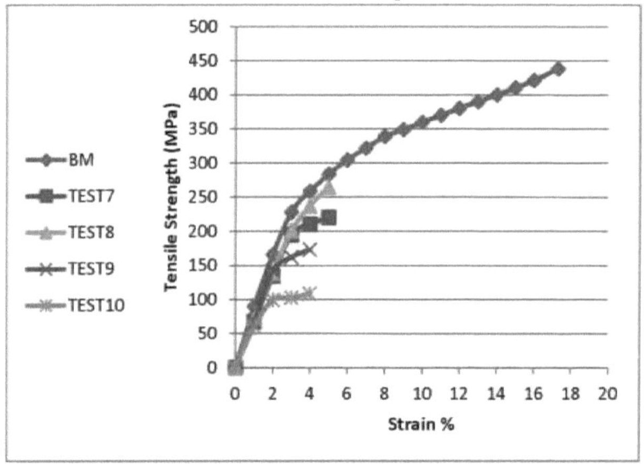

Figura 5.10: Curvas tensão-deformação de tração comparando os ensaios da série F4 com o ensaio do metal de base (BM)

Tabela 5.4: Resultados dos ensaios de tração e flexão da série F4

FSW Exp.	Módulo de elasticidade (GPa)	Resistência à tração final (MPa)	Alongamento (%)	Eficiência de soldadura (%)	Força máxima de flexão (N)
TESTE7	68	220	5.1	50	1400
TESTE8	71	265	4.9	61	1450
TESTE9	92.1	173.1	3.9	40	1400

TESTE10	89.8	109	4	25	1040

5- Seleção óptima de ferramentas

De acordo com os resultados das experiências realizadas com diferentes designs de pino e de ombro da ferramenta, pode concluir-se que a ferramenta com um perfil de pino quadrado utilizada no TEST8 (série F4) pode ser selecionada como uma óptima seleção de ferramenta que pode ser utilizada na soldadura de Al 2024-T351 a uma velocidade de soldadura de 20 mm/min e velocidade de rotação de 980 rpm. Esta seleção é feita de acordo com as propriedades mecânicas mais elevadas obtidas na resistência à tração final (265 MPa), força de flexão máxima (1450 N), alongamento (4,9%) e devido à eficiência máxima da junta de soldadura (61%) obtida com estes parâmetros de soldadura.

6- 3.1.2 Distribuição da microdureza

As medições de dureza foram efectuadas com um espaçamento de 2 mm ao longo da soldadura. Ambos os perfis horizontais de dureza Vickers na soldadura e no metal de base são mostrados na Figura (5.11). Verifica-se que a dureza do metal de base varia entre 147 e 151 HV. Em comparação com o metal de base, ocorre um amolecimento considerável em toda a zona de soldadura devido à eliminação do efeito de endurecimento por deformação através da recristalização dinâmica. Por conseguinte, a dureza diminui na TMAZ em direção à pepita de soldadura em comparação com o metal de base.

É de referir que o ensaio de distribuição de microdureza foi realizado na experiência óptima (TEST8) que atingiu as melhores propriedades mecânicas (UTS de 265 MPa e força de flexão máxima de 1450 N), os parâmetros do processo para esta experiência são 20 mm/min e 980 rpm.

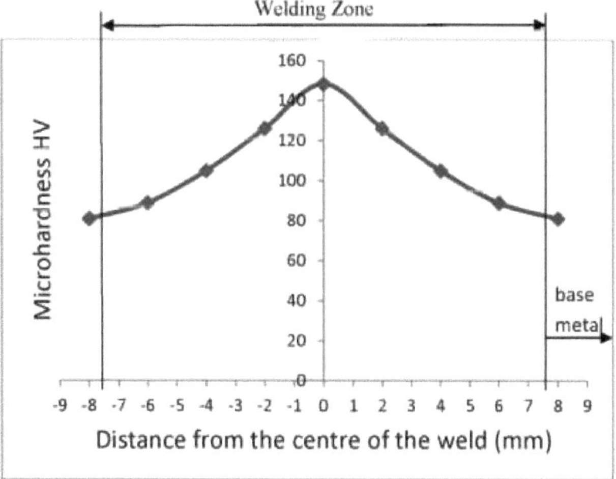

Figura 5.11: Variações da dureza Vickers para uma velocidade de soldadura de 20 mm/min e uma velocidade de rotação de 980 rpm (com uma seleção óptima da ferramenta)

5.4 Determinação dos parâmetros óptimos de soldadura

5.4.1 Matriz de conceção experimental

Os parâmetros de entrada utilizados em toda a experimentação foram selecionados de acordo com a experiência prática e as limitações das medições experimentais. Estes factores são apresentados na Tabela 5.5 com dois níveis. O desenho experimental utilizado foi a metodologia de superfície de resposta, utilizando um desenho rotativo composto central para 2^2 factores, com 5 pontos centrais eα = ±1,414. Foram efectuados 13 ensaios de acordo com a matriz do desenho experimental (5 pontos centrais). As execuções foram efectuadas de forma aleatória, utilizando a ordem de execução indicada na Tabela 5.6. Cada parâmetro foi utilizado em diferentes níveis de código de -1,414, -1, 0, +1, e +1,414, sendo que cada nível utilizado correspondeu a um valor real equivalente ao valor codificado. Assim, os parâmetros de entrada estudados são a velocidade de soldadura e a velocidade de rotação. A matriz do desenho experimental utilizada para os parâmetros de entrada em termos de factores reais com os valores experimentais de alongamento, resistência à tração e carga máxima de flexão é apresentada na Tabela 5.7. O software DESIGN EXPERT 8 foi utilizado para desenvolver o modelo. Os resultados dos ensaios são apresentados, bem como o modelo de previsão produzido num intervalo de confiança de 95%.

Tabela 5.5: Níveis de parâmetros de entrada utilizados com a respectiva codificação

Fator	Unidade	Baixa Nível (-1)	Elevado Nível (+1)	-alfa (-1,414)	+alfa (+1,414)
Velocidade de soldadura	mm/min	10	30	6	34
Velocidade de rotação	rpm	800	1160	725	1235

Quadro 5.6: Matriz de conceção experimental para factores de entrada codificados e respostas reais

Padrão Não.	Correr Não.	Tipo de ponto	Velocidade de soldadura (mm/min)	Rotacional Velocida de (rpm)	Alongamento (%)	Tração Resistência (MPa)	Máximo Força de flexão (N)
1	3	Fatorial	-1.000	-1.000	1.1	206	673
2	13	Fatorial	1.000	-1.000	1.5	206	838
3	6	Fatorial	-1.000	1.000	2.6	161	670

4	9	Fatorial	1.000	1.000	2.5	172	787
5	1	Axial	-1.414	0.000	3.1	175	775
6	10	Axial	1.414	0.000	2.8	185	790
7	2	Axial	0.000	-1.414	1.0	190	550
8	4	Axial	0.000	1.414	2.7	150	715
9	7	Centro	0.000	0.000	3.5	218	1330
10	8	Centro	0.000	0.000	4.7	245	1450
11	5	Centro	0.000	0,000	4.2	217	1350
12	11	Centro	0.000	0.000	3.7	231	1316
13	12	Centro	0.000	0.000	4.5	241	1435

Quadro 5.7: Matriz de conceção experimental para os factores de produção e as respostas reais

Padrão Não.	Corre r Não.	Tipo de ponto	Velocidade de soldadura (mm/min)	Rotacional Velocidade (rpm)	Alongamento (%)	Tração Resistência (MPa)	Máximo Força de flexão (N)

1	3	Fatorial	10	800	1.1	206	673
2	13	Fatorial	30	800	1.5	206	838
3	6	Fatorial	10	1160	2.6	161	670
4	9	Fatorial	30	1160	2.5	172	787
5	1	Axial	6	980	3.1	175	775
6	10	Axial	34	980	2.8	185	790
7	2	Axial	20	725	1.0	190	550
8	4	Axial	20	1235	2.7	150	715
9	7	Centro	20	980	3.5	218	1330
10	8	Centro	20	980	4.7	245	1450
11	5	Centro	20	980	4.2	217	1350
12	11	Centro	20	980	3.7	231	1316
13	12	Centro	20	980	4.5	241	1435

5.4.2 Modelação do alongamento

As respostas médias obtidas para o alongamento, a resistência à tração e a carga máxima de flexão foram utilizadas para calcular os modelos da superfície de resposta por resposta, utilizando o método dos mínimos quadrados.

Para a previsão do alongamento, foi analisado um modelo quadrático reduzido em termos codificados, com eliminação regressiva de coeficientes insignificantes num limiar de saída de alfa = 0,1. Alguns coeficientes foram eliminados para obter uma fórmula com factores reais em vez de codificados.

A Tabela 5.8 mostra a análise estatística da variância produzida pelo software para os restantes termos. O modelo é significativo a 95% de confiança. Observa-se que os termos de velocidade de rotação (B), velocidade de soldadura ao quadrado (A^2) e velocidade de rotação ao quadrado (B^2) são todos significativos, enquanto o termo de velocidade de soldadura (A) não é. O teste de falta de ajuste indica um bom modelo. Este modelo ilustra que apenas os três termos (B, A^2 e B^2) têm o maior impacto no alongamento. A equação final em termos de factores codificados é:

Alongamento = +4,12 - 0,016 * A + 0,61 * B - 0,70 * A^2 - 1,25 * B^2 (5.1) e, a equação final em termos de factores reais é:

Alongamento = -39,12769 + 0,28011 * Velocidade de soldadura + 0,079162 * Velocidade de rotação - 7,04170E-003 *Velocidade de soldadura^2 - 3,86475E-005 *Velocidade de rotação^2 .... (5.2)

Tabela 5.8: Análise ANOVA para o modelo quadrático de superfície de resposta (alongamento, %)

Fonte	**Soma de praças**	**df**	**Quadrado médio**	**Valor F**	**p-valor Prob > F**
Modelo	16.01	4	4.00	19.62	0,0003 significativo
A- Velocidade de soldadura	1.930E-003	1	1.930E-003	9.464E-003	0.9249
B- Velocidade de rotação	3.02	1	3.02	14.82	0.0049
A^2	3.45	1	3.45	16.91	0.0034
B^2	10.94	1	10.94	53.62	< 0.0001
Residual	1.63	8	0.20		
Falta de ajuste	0.58	4	0.15	0.56	0,7077 não significativo
Erro puro	1.05	4	0.26		

Cor Total	17.64	12	17.64		
Desv. Dev. Média C.V.% Imprensa	0.45 2.92 15.49 4.32		R-quadrado Adj R-quadrado Pred R-quadrado Adeq Precisão	0.9075 0.8612 0.7552 12.044	

Observando o gráfico de probabilidade normal (Figura 5.12) para os dados de alongamento, os resíduos que geralmente caem numa linha reta, implicando erros, são normalmente distribuídos. Além disso, de acordo com a Figura 5.13, que mostra os resíduos versus as respostas previstas para os dados de alongamento, pode ver-se que não há padrões óbvios ou estrutura invulgar, o que implica que os modelos são exactos.

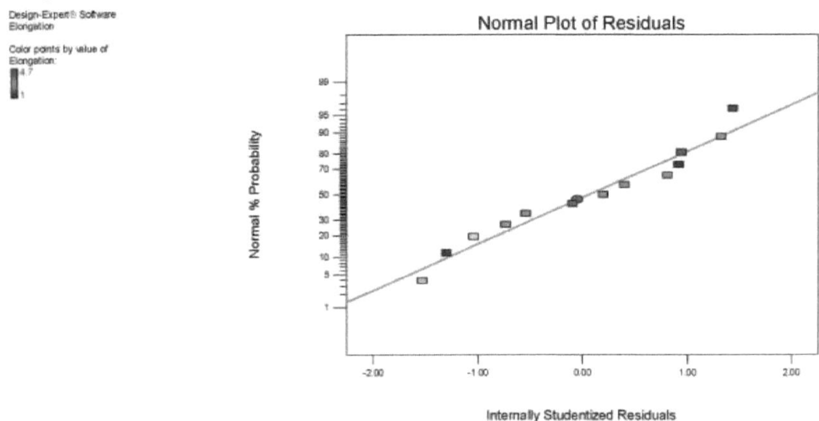

Figura 5.12 Gráfico de probabilidade normal para dados de alongamento (%).

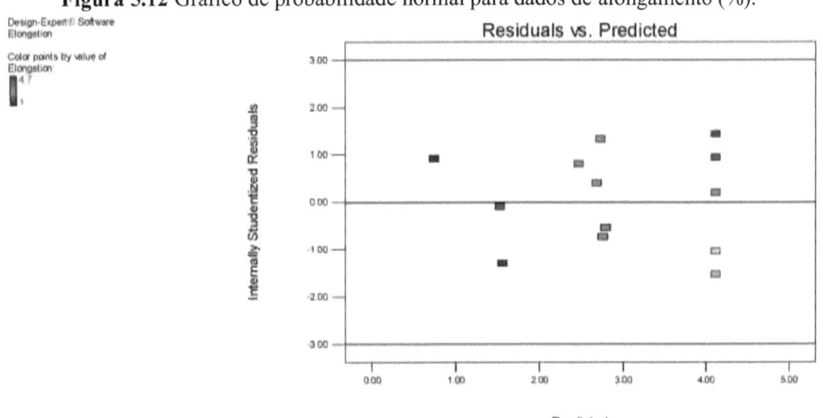

Figura 5.13 Respostas residuais versus respostas previstas Dados de alongamento (%)

A **Figura 5.13** apresenta o gráfico de contorno da velocidade de soldadura e o alongamento como resposta. Pode ver-se que o aumento da velocidade de soldadura e da velocidade de rotação leva a um aumento do alongamento. O aumento da velocidade de soldadura levou a um aumento do alongamento. A junta apresenta um alongamento fraco a uma velocidade de soldadura inferior de 10 mm/min devido à maior geração de calor. À medida que a velocidade de soldadura aumenta de 10 para 20 mm/min, os efeitos negativos dos ciclos térmicos nas propriedades da junta são enfraquecidos, levando a uma melhoria do alongamento. Entre 20 e 30 mm/min, o alongamento das juntas apresenta uma diminuição com o aumento da velocidade de soldadura devido à ocorrência de defeitos de vazio. Além disso, o aumento da velocidade de rotação levou a um aumento do alongamento. Pode ver-se que o alongamento da junta aumenta com o aumento da velocidade de rotação de 800 rpm para 980 rpm. A razão para este facto pode ser explicada da seguinte forma: o aumento da velocidade de rotação estenderia a zona dominada pelo ombro ao longo da espessura da placa. Uma vez que o material nesta zona dominada pelo ombro é mais macio e mais fácil de ser agitado, o alargamento desta zona através da espessura aumenta a agitação e, consequentemente, melhora o alongamento das juntas. No entanto, quando a velocidade de rotação aumenta até 1160 rpm, o alongamento da junta diminui devido à formação de defeitos vazios.

Figure 5.15 manifesta os dados de alongamento real previstos em relação aos dados reais, por razões de comparação. Enquanto a Figura 5.16 mostra o gráfico 3D do alongamento em função da velocidade de soldadura e da velocidade de rotação. Pode notar-se que o aumento da velocidade de soldadura resultou num ligeiro aumento do valor do alongamento, enquanto o aumento da velocidade de rotação causou um maior aumento do alongamento. Isto significa que a velocidade de rotação tem o maior impacto no valor do alongamento. Por outras palavras, a velocidade de rotação é mais significativa do que a velocidade de soldadura no modelo de alongamento.

Com o aumento da velocidade de rotação para uma velocidade de soldadura fixa ou com o aumento da velocidade de soldadura para uma velocidade de rotação fixa, o alongamento das juntas aumentou primeiro até um valor máximo e depois apresentou uma diminuição devido à ocorrência de defeitos de soldadura [21, 24].

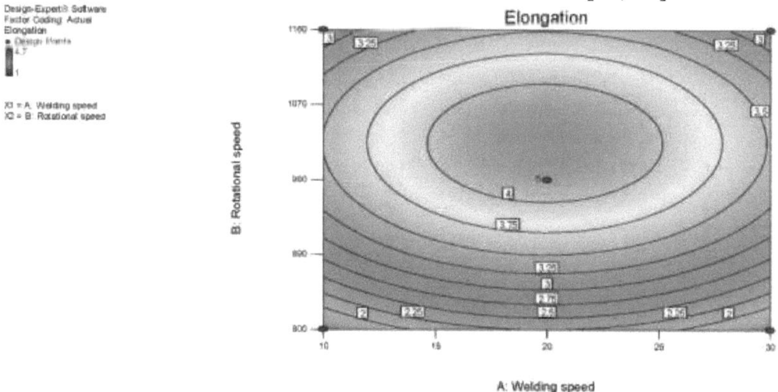

Figura 5.14: Gráfico de contorno do alongamento (%) em função da velocidade de soldadura e da

velocidade de rotação

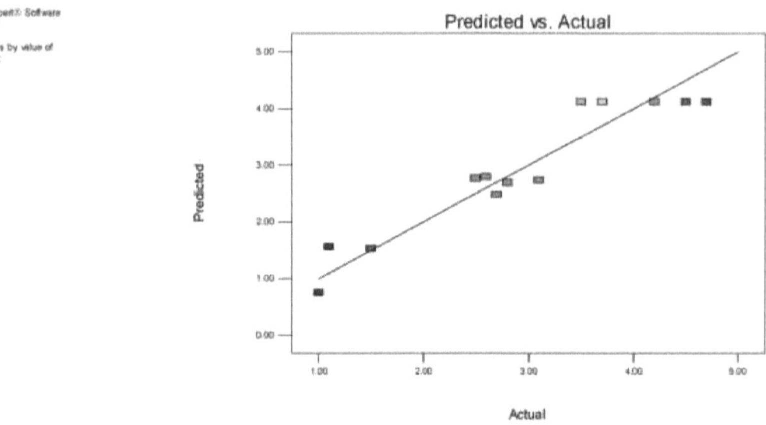

Figura 5.15: Dados de alongamento (%) previstos versus dados reais para comparação

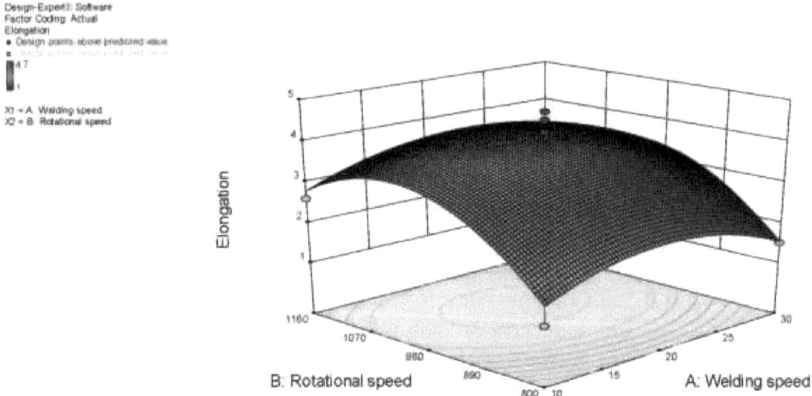

Figura 5.16 Gráfico 3D do alongamento (%) em função da velocidade de soldadura e da velocidade de rotação.

5.4.3 Modelação da resistência à tração

Do mesmo modo, para as medições de resistência à tração, foi analisado um modelo quadrático reduzido em termos codificados, com eliminação regressiva de coeficientes insignificantes no limiar de saída de alfa = 0,1.

A Tabela 5.9 revela a análise estatística da variância (ANOVA), e este modelo é significativo a 95% de confiança. Os termos da velocidade de rotação (B), da velocidade de soldadura ao quadrado (A^2) e da velocidade de rotação ao quadrado (B2) são todos significativos, enquanto o termo da velocidade de soldadura (A) não o é. Este modelo indica que estes três termos têm o maior impacto na resistência à tração. Este modelo indica que estes três termos têm o maior impacto na resistência à tração. O teste de falta de ajuste indica um bom modelo. A equação final em termos de factores codificados é :

Resistência à tração = + 230,40 + 3,14 * A -16,91 * B - 22,40 * A^2 -27,35 * B^2 ....(5.3)

A equação final em termos de factores reais é a seguinte

Resistência à tração = -584,03137 + 9,27514 * Velocidade de soldadura + 1,56032 * Velocidade de rotação - 0,22402 * Velocidade de soldadura² - 8,44003E-004 * Velocidade de rotação² ....(5.4)

Tabela 5.9: Análise ANOVA para o modelo quadrático de superfície de resposta (resistência à tração, MPa)

Fonte	Soma de praças	df	Média quadrado	Valor F	p-valor Prob > F
Modelo	10100.35	4	2525.09	20.08	0,0003 significativo
A- Velocidade de soldadura	79.02	1	79.02	0.63	0.4508
B- Velocidade de rotação	2288.39	1	2288.39	18.20	0.0027
A^2	3490.78	1	3490.78	27.76	0.0008
B^2	5215.56	1	5215.56	41.48	< 0.0002
Residual	1005.96	8	125.74		
Falta de ajuste	346.76	4	86.69	0.53	0,7255 não significativo
Erro puro	659,20	4	164.80		
Cor Total	11106.31	12			

Std. Dev.	11.21	R-quadrado	0.9094
Média	199.77	Adj R-quadrado	0.8641
C.V.%	5.61	Pred R-Squared	0.7626
Imprensa	2636.86	Adeq Precisão	11.335

A Figura 5.17 apresenta o gráfico de probabilidade normal dos resíduos para os dados de resistência à tração, e pode ver-se que os resíduos (erros) caem geralmente numa reta e estão normalmente distribuidos. A Figura 5.18 não apresenta padrões óbvios ou estruturas invulgares, o que implica que os modelos são exactos.

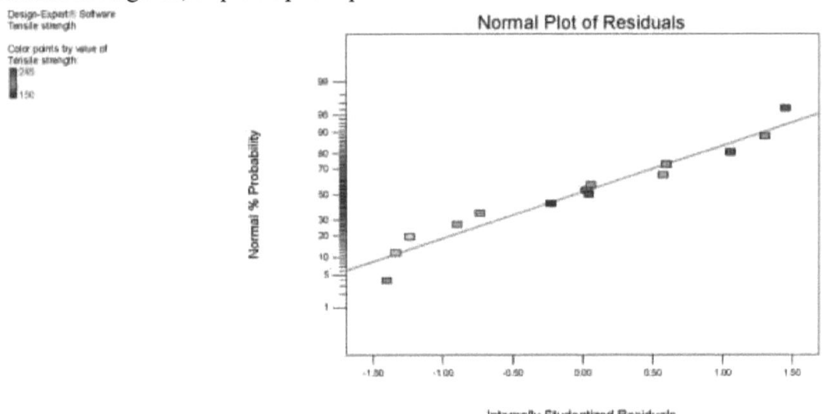

Figura 5.17 Gráfico de probabilidade normal para dados de resistência à tração.

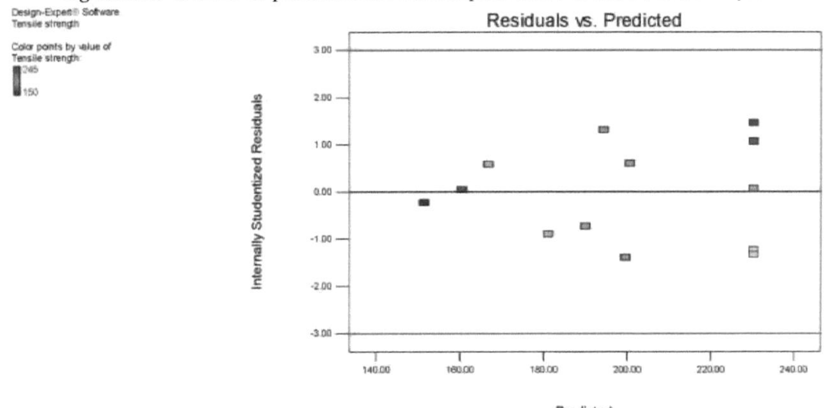

Figura 5.18 Respostas residuais versus respostas previstas Dados de resistência à tração

De acordo com a Figura 5.19 para o gráfico de contorno, pode notar-se que o aumento da velocidade de soldadura e da velocidade de rotação aumenta geralmente o valor da

de tração. A Figura 5.20 mostra os dados de resistência à tração previstos e reais para para efeitos de comparação. Enquanto que a Figura 5.21 revela o gráfico 3D da resistência à tração em

em função da velocidade de soldadura e da velocidade de rotação. Verifica-se que o aumento da velocidade de soldadura e da velocidade de rotação conduz a um aumento da resistência à tração. O aumento da velocidade de soldadura conduziu a um aumento da resistência à tração. A junta apresenta uma fraca resistência à tração a uma velocidade de soldadura inferior de 10 mm/min devido à maior produção de calor. À medida que a velocidade de soldadura aumenta de 10 para 20 mm/min, os efeitos negativos dos ciclos térmicos nas propriedades da junta são enfraquecidos, levando a uma melhoria da resistência à tração. Entre 20 e 30 mm/min, a resistência à tração das juntas mostra uma diminuição com o aumento da velocidade de soldadura devido à ocorrência de defeitos de vazio. Além disso, o aumento da velocidade de rotação conduziu a um aumento da resistência à tração. Pode ver-se que a resistência à tração da junta aumenta com o aumento da velocidade de rotação de 800 rpm para 980 rpm. A razão para este facto pode ser explicada da seguinte forma: o aumento da velocidade de rotação estenderia a zona dominada pelo ombro ao longo da espessura da placa. Uma vez que o material nesta zona dominada pelo ombro é mais macio e mais fácil de ser agitado, o alargamento desta zona através da espessura aumenta a agitação e, consequentemente, melhora a resistência à tração das juntas. No entanto, quando a velocidade de rotação aumenta até 1160 rpm, a resistência à tração da junta diminui devido à formação de defeitos de vazio.

Com o aumento da velocidade de rotação para uma velocidade de soldadura fixa ou com o aumento da velocidade de soldadura para uma velocidade de rotação fixa, a resistência à tração das juntas começou por aumentar até um valor máximo e depois apresentou uma diminuição devido à ocorrência de defeitos de soldadura [21, 24].

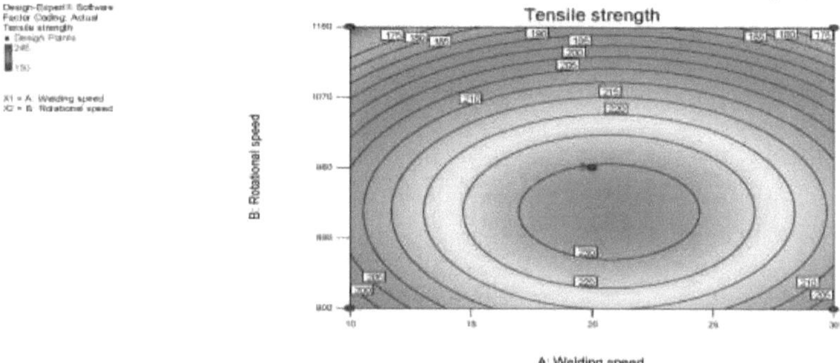

Figura 5.19: Gráfico de contorno da resistência à tração em função da velocidade de soldadura e da velocidade de rotação

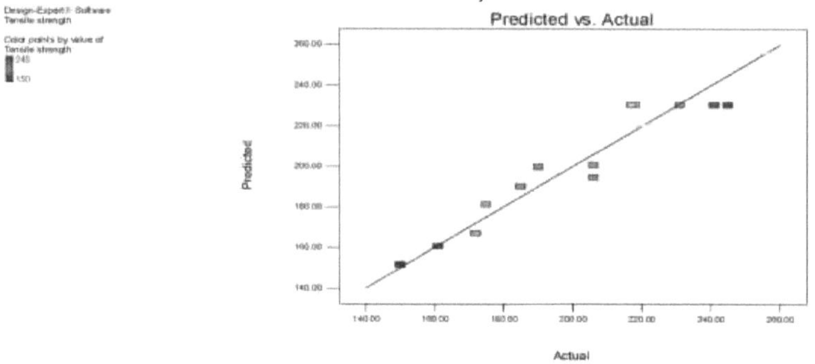

Figura 5.20: Dados de resistência à tração previstos versus dados reais para comparação.

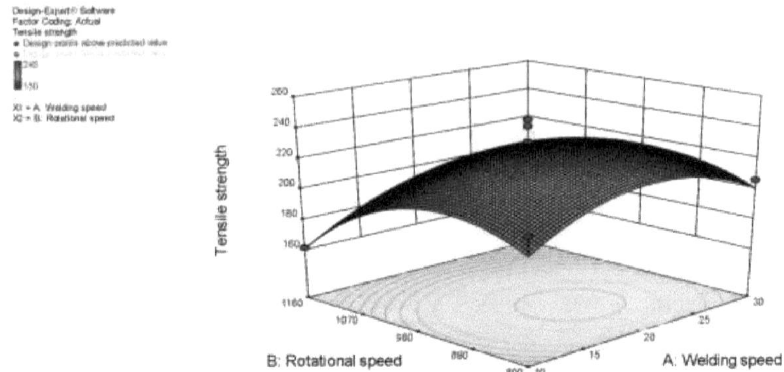

Figura 5.21: Gráfico 3D da resistência à tração em função da velocidade de soldadura e da velocidade de rotação.

5.4.4 Modelação da força de flexão máxima

Do mesmo modo, para as medições da força de flexão máxima, foi analisado um modelo quadrático reduzido em termos codificados, com eliminação regressiva de coeficientes insignificantes no limiar de saída de alfa = 0,1.

A Tabela 5.10 revela a análise estatística da variância (ANOVA), e este modelo é significativo a 95% de confiança. Os termos velocidade de soldadura (A), velocidade de soldadura ao quadrado (A^2) e velocidade de rotação ao quadrado (B^2) são todos significativos, enquanto a velocidade de rotação (B) não é significativa. Este modelo ilustra que estes três termos têm o maior impacto na resistência à tração. O teste de falta de ajuste indica um bom modelo. A equação final em termos de factores codificados é :

Força de flexão máxima = + 1374,98 + 61,68 * A - 20,39 * B - 320,89 * A^2 - 322,80 * B(2 .... (5.5)

A equação final em termos de factores reais é a seguinte

Força de flexão máxima = -9489,29985 + 134,52393 * Velocidade de soldadura + 19,41404 * Velocidade de rotação - 3,20890 * Velocidade de soldadura^2 - 9,96292E -003 * Velocidade de rotação(2 (5.6)

Tabela 5.10: Análise ANOVA para o modelo quadrático de superfície de resposta (força de flexão máxima, N)

Fonte	Soma de praças	df	Média quadrado	Valor F	valor de p Prob > F
Modelo	1.310E+006	4	3.275E+005	110.86	< 0,0001 significativo
A- Velocidade de soldadura	30433.08	1	30433.08	10.30	0.0124

B- Velocidade de rotação	3329.39	1	3329.39	1.13	0.3194
A^2	7.162E+005	1	7.162E+005	242.47	< 0.0001
B^2	7.268E+005	1	7.268E+005	246.03	< 0.0001
Residual	23631.56	8	2953.95		
Falta de ajuste	6931.56	4	1732.89	0.42	0,7924 não significativo
Erro puro	16700.00	4	4175.00		
Cor Total	1.334E+006	12			

Desv. Dev.	54.35	R-quadrado	0.9823
Média	978.69	Adj R-quadrado	0.9734
C.V.%	5.55	Pred R-Squared	0.9555
Imprensa	59333.04	Adeq Precisão	21.628

A Figura 5.22 apresenta um gráfico de probabilidade normal dos resíduos para os dados da força de flexão máxima, e pode ver-se que os resíduos (erros) caem geralmente numa linha reta e são normalmente distribuídos. A Figura 5.23 não apresenta padrões óbvios ou estruturas invulgares que impliquem que os modelos são exactos.

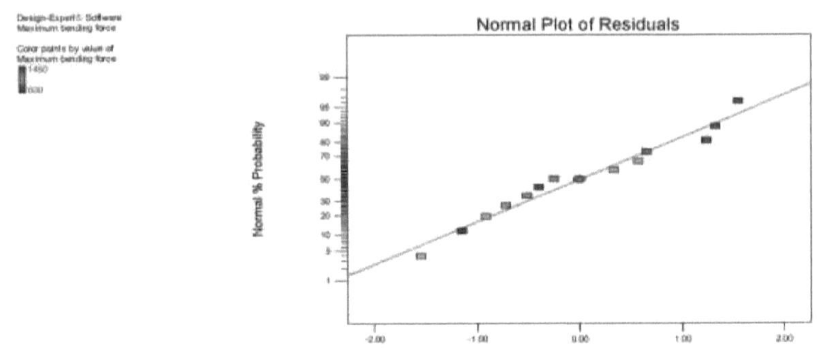

Figura5. 22Gráfico de probabilidade **normal** para dados de força de flexão máxima.

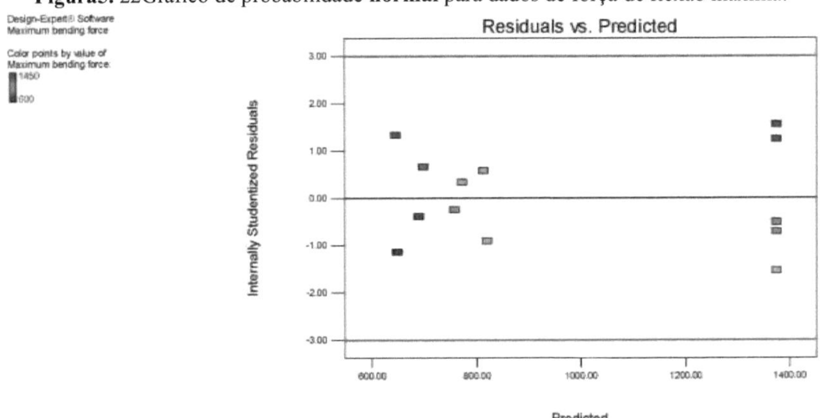

Figura 5.23 Respostas residuais versus respostas previstas para dados de força de flexão máxima.

De acordo com a Figura 5.24 para o gráfico de contorno apresentado na interação da velocidade de soldadura e da velocidade de rotação, pode notar-se que o aumento da velocidade de soldadura e da velocidade de rotação aumenta geralmente o valor da força de flexão máxima. A Figura 5.25 mostra os dados da força de flexão máxima prevista versus real para efeitos de comparação. Por outro lado, a Figura 5.26 revela o gráfico 3D da força de flexão máxima em função da velocidade de soldadura e da velocidade de rotação. Verifica-se que o aumento da velocidade de soldadura conduz a um aumento da força de flexão máxima. Tal como indicado nos modelos de alongamento e de resistência à tração, pode concluir-se que a força de flexão máxima também é menor à velocidade de soldadura e à velocidade de rotação mais baixa e mais alta, enquanto que é maior à velocidade de soldadura (20 mm/min) e à velocidade de rotação (980 rpm).

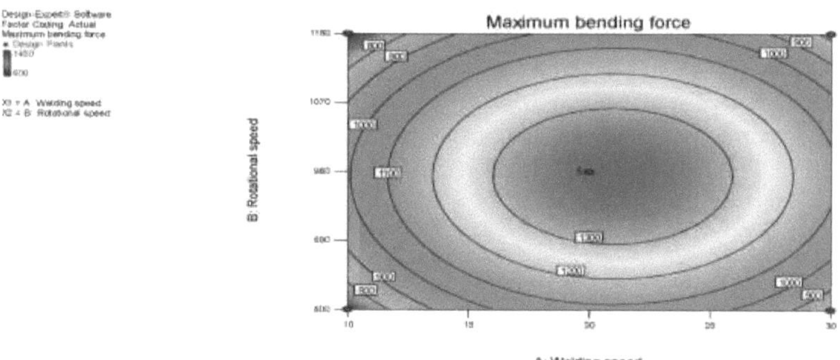

Figura 5.23Gráfico de contorno da força de flexão máxima em função da velocidade de soldadura e da velocidade de rotação.

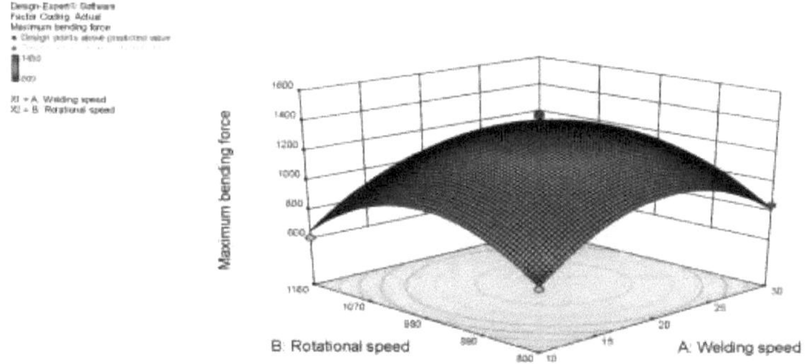

Figura 5.24 Dados da força de flexão máxima prevista versus real para comparação.

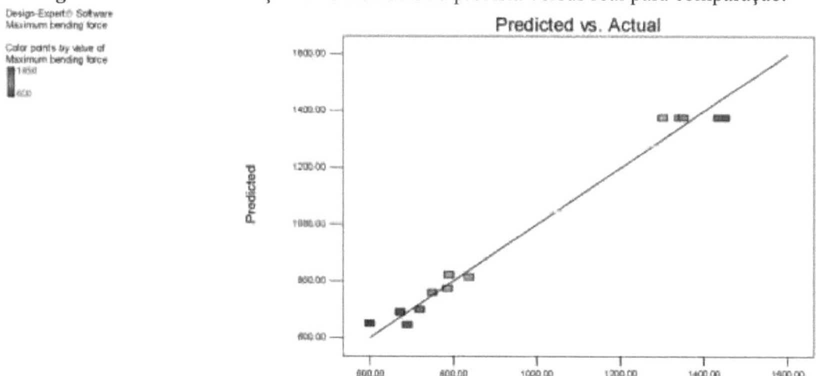

Figura 5.25 Gráfico 3D da força de flexão máxima em função da velocidade de soldadura e da velocidade de rotação.

5.4.5 Otimização numérica do alongamento, da resistência à tração e da força máxima de flexão

A otimização numérica foi proporcionada pelo software Design of Experiment para encontrar as combinações óptimas de parâmetros de modo a cumprir os requisitos desejados. Por conseguinte, este software foi utilizado para esta otimização, com base nos dados dos modelos preditivos para três respostas, alongamento, resistência à tração e força de flexão máxima, em função de dois factores: velocidade de soldadura e velocidade de rotação. A partir do resumo do projeto apresentado na Tabela 5.11 para os principais factores e respostas, pode ver-se que o alongamento, a resistência à tração e a força máxima de flexão são modelados com um modelo quadrático.

Quadro 5.11: Resumo da conceção para os principais factores e respostas (modelo de conceção: quadrático)

Factores	Nome	Unidade	Min.	Máximo.	Codificado Valores	Média	Std. Dev.
A	Velocidade de soldadura	mm/min	6	34	-1.000=10 +1.000=30	20	8
B	Velocidade de rotação	rpm	725	1235	-1.000=800 +1.000=1160	980	141
Resposta	**Nome**	**Unidade**	**Min.**	**Máximo.**	**Média**	**Rácio.**	**Std. Dev.**
Y1	Alongamento	%	1.0	4.7	2.91538	4.7	1.21233
Y2	Resistência à tração	MPa	150	245	199.769	1.6333	30.4225
Y3	Força máxima de flexão	N	600	1450	978.692	2.4167	333.362

Para desenvolver os novos modelos previstos, foi avaliada uma nova função objetivo, denominada Desejabilidade, que permite combinar corretamente todas as metas. A desejabilidade é uma função objetivo, a ser maximizada através de uma otimização numérica, que varia de zero a um na meta. O ajuste do seu peso ou importância pode alterar as caraterísticas de um objetivo, e o objetivo da otimização é encontrar um bom conjunto de condições que satisfaça todos os objectivos. Normalmente, os pesos são utilizados para estabelecer uma avaliação da importância 3D do objetivo na maximização da função de desejabilidade. Neste trabalho, os pesos não são alterados, uma vez que as três respostas; alongamento, resistência à tração e força de flexão máxima, têm a mesma importância e não estão em conflito umas com as outras.

O objetivo final desta otimização era obter a resposta máxima que satisfizesse simultaneamente todas as propriedades variáveis. A Tabela 5.12 apresenta as restrições de cada variável para a otimização numérica do alongamento, da resistência à tração e da força máxima de flexão. De acordo com esta tabela, uma execução possível satisfez estas restrições especificadas para obter os valores óptimos para o alongamento, a resistência à tração e a força de flexão máxima, como indicado na Tabela 5.13. Pode ver-se que esta corrida deu uma desejabilidade de 0,868. A Figura 5.27 mostra o gráfico de barras para a desejabilidade, enquanto a Figura 5.28 ilustra o gráfico 2D para a desejabilidade em função da velocidade de soldadura e da velocidade de rotação. A Figura 5.29 mostra o gráfico de superfície para a desejabilidade em função da velocidade de soldadura e da velocidade de rotação. As figuras 5.30, 5.31 e 5.32 mostram os valores óptimos do alongamento, da resistência à tração e da força de flexão máxima, respetivamente. Assim, pode concluir-se a partir destas figuras que a desejabilidade atinge o valor máximo de 0,868 quando o valor ótimo do alongamento é de 4,1 % (Figura 5.30), o valor ótimo da resistência à tração é de 230,773 MPa (Figura 5.31) e o valor ótimo da força de flexão máxima é de 1377,83 N, como se mostra na (Figura 5.32).

Tabela 5.12: Restrições de cada variável para a otimização numérica do alongamento, da resistência à tração e da força de flexão máxima

Tipos de variáveis	Objetivo	Inferior Limite	Limite superior	Mais baixo Peso	Superior Peso	Importância
A: Velocidade de soldadura	Está no intervalo	10	30	1	1	3
B: Velocidade de rotação	Está no intervalo	800	1160	1	1	3
Alongamento	maximizar	1	4.7	1	1	3
Resistência à tração	maximizar	150	245	1	1	3
Força máxima de flexão	maximizar	600	1450	1	1	3

Tabela 5.13: Condições óptimas utilizadas para obter o alongamento máximo, a resistência à tração e a força de flexão máxima

Não.	Velocidade de soldadura (mm/min)	Velocidade de rotação (rpm)	Alongamento (%)	Resistência à tração (MPa)	Força máxima de flexão (N)	Desejabilidade
1	21	977	4.1	230.733	1377.83	0,868 selecionado

5.4.6 Comparação dos resultados da ANOVA com os resultados experimentais

A Tabela 5.14 apresenta uma comparação entre o resultado real (com a seleção óptima de ferramentas) e o resultado previsto para o alongamento, a resistência à tração e a força máxima de flexão. Esta tabela também apresenta o erro percentual entre os resultados reais e os previstos para o alongamento, a resistência à tração e a força de flexão máxima. Além disso, de acordo com esta tabela, verifica-se uma concordância muito boa entre os resultados reais do alongamento, da resistência à tração e da força de flexão máxima e os resultados previstos obtidos pela análise ANOVA.

Quadro 5.14: Comparação entre as respostas efectivas e previstas

	Velocidade de soldadura (mm/min)	**Rotacional Velocidade (rpm)**	**Alongamento (%)**	**Resistência à tração (MPa)**	**Força máxima de flexão (N)**
Atual	20	980	4.7	245	1450
Previsto	21	977	4.1	230.733	1377.83
% de erro	-	-	12.765	5.823	4.977

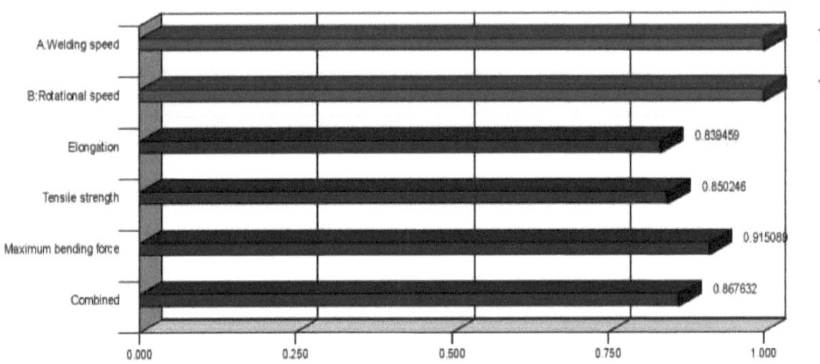

Figura 5.27: Gráfico de barras para A Desejabilidade

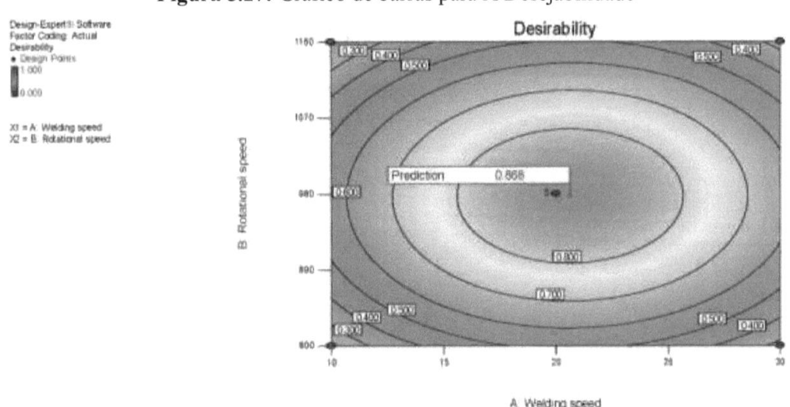

Figura 5.28: Contorno 2D para a desejabilidade em função da velocidade de soldadura e da velocidade de rotação.

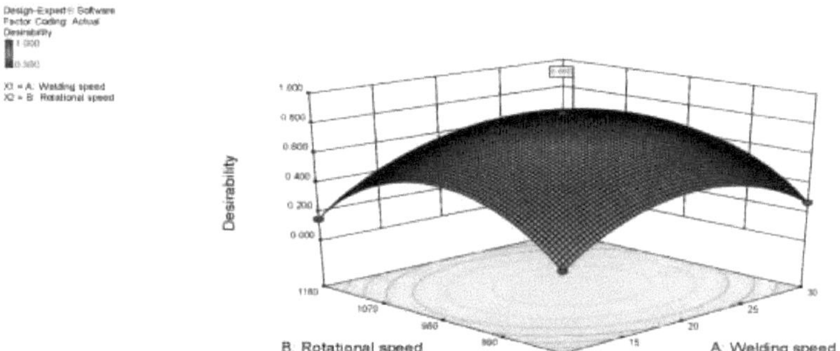

Figura 5.29: Gráfico de superfície 3D para a desejabilidade em função da velocidade de soldadura e da velocidade de rotação

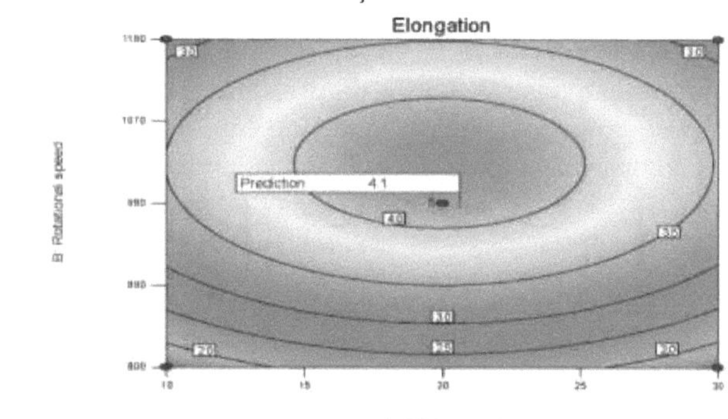

Figura 5.30: O valor ótimo do alongamento.

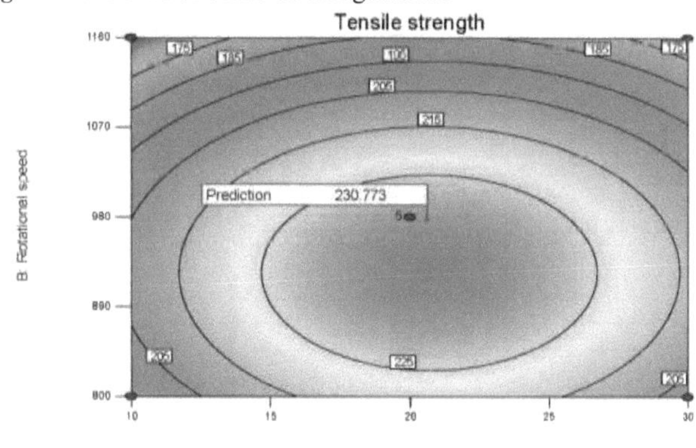

Figura 5.31: O valor ótimo da resistência à tração

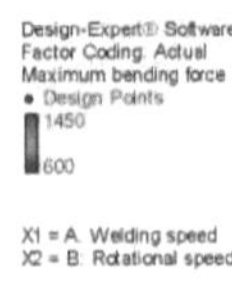

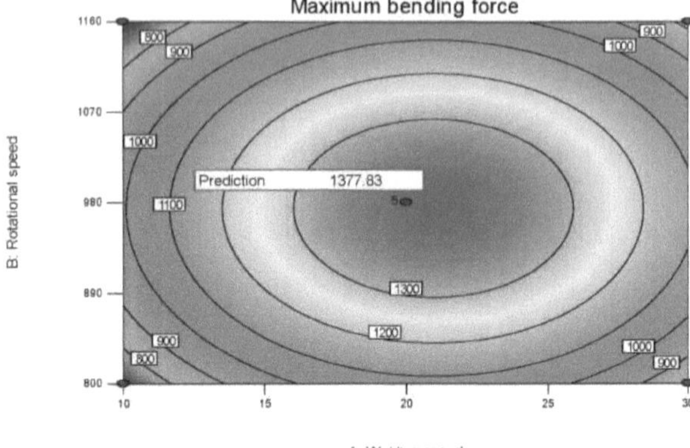

Figura 5.32: O valor ótimo da força de flexão máxima.

5.5 Comparação dos resultados do presente trabalho com investigações anteriores

A comparação entre o presente trabalho e os trabalhos de investigação anteriores para a resistência à tração (valor ótimo) é apresentada na Tabela 5.15. Esta tabela também apresenta o erro percentual entre os resultados da resistência à tração do presente trabalho e dos trabalhos de investigação anteriores.

Tabela 5.15: Comparação entre o presente trabalho e os resultados de investigações anteriores

	Resistência à tração (MPa)	**% de erro**
trabalho atual	265	-
[16]	278	4.676
[21]	215	23.256
[24]	340	22.059

Conclusões e recomendações

Conclusões

De acordo com os resultados do presente estudo sobre o processo (FSW) para a seleção de ligas de alumínio, podem ser tiradas várias conclusões relativamente à soldabilidade da liga, propriedades mecânicas, conceção e otimização de ferramentas:

1. A liga de alumínio (2024-T351) pode ser soldada utilizando diferentes geometrias de ferramentas (FSW) e diferentes parâmetros (FSW), o que permite obter diferentes eficiências de soldadura.
2. A forma do perfil do pino cilíndrico reto tem um pequeno efeito nas propriedades mecânicas (tração e flexão), enquanto a forma do perfil do pino quadrado reto tem um efeito significativo nas propriedades mecânicas.
3. A resistência máxima de soldadura obtida neste estudo foi de (265 MPa) ou (61%) de eficiência de soldadura com (4,9%) de alongamento registada na soldadura utilizando ferramenta perfilada de bloco quadrado reto e diâmetro de rotação de 5 mm, com parâmetros de soldadura (velocidade de rotação de 980 rpm e velocidade de soldadura de 20 mm/min).
4. Foi observado um aumento da microdureza na região de soldadura das juntas FSW.
5. O aumento da velocidade de soldadura e da velocidade de rotação conduziu a um aumento do alongamento e da resistência à tração até uma velocidade de soldadura de 20 mm/min e uma velocidade de rotação de 980 rpm. O aumento da velocidade de soldadura resultou num ligeiro aumento do alongamento e da resistência à tração, enquanto que o aumento da velocidade de rotação provocou um maior aumento destas duas propriedades. Isto significa que a velocidade de rotação tem o maior impacto do que a velocidade de soldadura no alongamento e na resistência à tração.
6. O aumento da velocidade de soldadura e da velocidade de rotação conduz a um aumento da força de flexão máxima até 20 mm/min de velocidade de soldadura e 980 rpm de velocidade de rotação. No entanto, a velocidade de soldadura foi considerada mais significativa do que a velocidade de rotação.
7. O modelo quadrático previsto para o alongamento, a resistência à tração e a força máxima de flexão foi obtido em termos de velocidade de soldadura e velocidade de rotação com 95% de confiança.
8. A partir da otimização numérica, os valores óptimos de alongamento, resistência à tração e força de flexão máxima foram (4,1%), (230,733MPa) e (1377,83 N), respetivamente, com uma desejabilidade de 0,868 a uma velocidade de soldadura de (21 mm/min) e uma velocidade de rotação de (977 rpm).

Recomendações para trabalhos futuros

As seguintes sugestões podem ser recomendadas para trabalhos futuros:

1. Investigação do efeito do degrau cilíndrico nas propriedades mecânicas e na microestrutura das ligas de alumínio FSW.
2. Investigação do efeito do pino cilíndrico roscado nas propriedades mecânicas e na microestrutura de ligas de alumínio FSW.
3. Estudar o processo FSW para outras ligas de alumínio e entre ligas de alumínio

dissimilares.

4. Estudo intensivo das propriedades microestruturais e ensaios de flexão em ligas de alumínio soldadas por FSW.
5. Medição da distribuição da temperatura e das tensões residuais em diferentes parâmetros de soldadura.

Referências

Mishra, R. S. e Mahoney, M. W., "*Friction Stir Welding and Processing*", Wiley Inc., 2007.

Heinz, B. e Skrotzki, B., "Characterization of a Friction-Stir-Welded Aluminum Alloy 6013", *Journal of Metallurgical and Materials Transactions*, Vol. 33, pp. 489-498, 2001.

Ali, A., Brown, M. W., Rodopoulos, C. A., e Gardiner, S., "Characterization of 2024-T351 FSW Joints", *Journal of Failure Analysis and Prevention*, Vol. 6(4), pp. 83-96, 2006.

Lorrain, O., Favier, V., Zahrouni, H., e Lawrjaniec, D., "FSW Using Unthreaded Tools: Analysis of the Flow", *International Journal of Material Forming*, Vol. 3, pp. 1043-1046, 2010.

Rajakumar, S. e Balasubramanian, V., "Multi-response Optimization of Friction-Stir- Welded AA1100 Aluminum Alloy Joints", *Journal of Materials Engineering and Performance*, Vol. 21(6), pp. 809-822, 2012.

Aggarwal, A. e Singh, H., "Optimization Techniques - A Retrospective and Literature Review", *Sadhana*, Vol. 30, Part 6, pp. 699-711, 2005.

Zhu, X. K. e Chao, Y. J., "Numerical Simulation of Transient Temperature and Residual Stresses in FSW of 304L Stainless Steel", *Journal of Materials Processing Technology*, Vol. 146, pp. 263-272, 2004.

Zhang, Z., "Comparison of Two Contact Models in the Simulation of FSW Process", *Journal ofMaterials Science*, Vol. 43, pp. 5867-5877, 2008.

Zhao, X., Kalya, P., Landers, R. G., e Krishnamurthy, K., "Empirical Dynamic Modeling of FSW Processes", *Journal ofManufacturing Science and Engineering*, Vol. 131(021001), pp. 1-9, 2009.

Aval, H. J., Serajzadeh, S., e Kokabi, A. H., "Theoretical and Experimental Investigation into FSW of AA 5086", *The International Journal of Advanced Manufacturing Technology*, Vol. 52, pp. 531-544, 2011.

Veljic, D. M., Perovic, M. M., Sedmac, A. S., Rakin, M. P., Trifunovic, M. V., Bajic, N. S., e Bajic, D. R., "A Coupled Thermo-mechanical Model of FSW", *Journal of Thermal Science*, Vol. 16(2), pp. 527-534, 2012.

Buffa, G., Hua, J., Shivpuri, R., e Fratini, L., "Design of the FSW Tool Using the Continuum Based FEM Model", *Journal of Materials Science and Engineering,* Vol. 419, pp. 381-388, 2006.

Soron, M. e Kalaykov, I., "Generation of Continuous Tool Paths Based on CAD Models for FSW in 3D", *Mediterranean Conference on Control and Automation, Atenas-Grécia*, pp. 3296-3299, 27-29 de julho de 2007.

Elangovan, K. e Balasubramanian, V., "Influences of Tool Pin Profile and Welding Speed on the Formation of Friction Stir Processing Zone in AA2219 Aluminum Alloy", *Journal of Materials Processing Technology*, Vol. 200, pp.163-175, 2008.

Padmanaban, G. e Balasubramanian, V., "Selection of FSW Tool Pin Profile , Shoulder Diameter and Material for Joining AZ31B Magnesium Alloy - An Experimental Approach", *Journal of Materials and Design,* Vol. 30, pp.

26472656, 2009.
Palanivel, R., Kushy M. P., and Muragan, N., "Influences of Tool Pin Profile on the Mechanical and Metallurgical Properties of FSW of Dissimilar Aluminum Alloy", *International Journal of Engineering Science and Technology*, Vol. 2(6), pp. 2109-2115, 2010.
Wahab, B. A., "Experimental Study of FSW of 6061-T6 Aluminum Alloy", Tese de Mestrado, *Universidade de Bagdade*, 2012.
Cavaliere, P. e Cerri, E., "Mechanical Response of 2024-7075 Aluminum Alloys Joined by FSW", *Journal of Materials Science*, Vol. 40, pp. 3669-3676, 2005.
Al-Ani, M. O. Y., "Investigation of Mechanical and Microstructural Characteristics of Friction Stir Welded Joints", Tese de Doutoramento, *Universidade de Bagdade*, 2007.
Sakthivel, T., Sengar, G. S., e Mukhopadhyay, "Effect of Welding Speed on Microstructure and Mechanical Properties of Friction-Stir-Welded Aluminum", *The International Journal of Advanced Manufacturing Technology*, Vol. 43, pp. 468-473, 2009.
Urso, G. D., Ceretti, E., Giardini, C., e Macarrini, G., "The Effect of Process Parameters and Tool Geometry on Mechanical Properties of Friction Stir Welded Aluminum Butt joints", *International Journal of Material Forming*, Vol. 2, pp. 303-306, 2009.
Azimzadegan T. e Serajzadeh, S., "An Investigation into Microstructures and Mechanical Properties of AA7075-T6 during FSW at Relatively High Rotational Speeds", *Journal of Materials Engineering and Performance*, Vol. 19(9), pp. 1256-1263, 2010.
Rose, A. R., Manisekar, K., e Balasubramanian, V., "Influences of Welding Speed on Tensile Properties of Friction Stir Welded AZ61A Magnesium Alloy", *Journal of Materials Engineering and Performance*, Vol. 21(2), pp. 257-265, 2012.
Liu, H., Zhang, H., Pan, Q., e Yu, L., "Effect of FSW Parameters on Microstructural Characteristics and Mechanical Properties of 2219-T6 Aluminum Alloy Joints", *International Journal of Material Forming*, Vol. 5, pp. 235-241, 2012.
Prasanna, P., Rao, B. S., e Rao, G. K. M., "Finite Element Modeling for Maximum Temperature in FSW and Its Validation", *The International Journal of Advanced Manufacturing Technology*, Vol. 51, pp. 925-933, 2010.
Milan, M. T., Filho, W. W. B., Tarpani, J. R., Malafaia, A. M. S., Silva, C. P. O., Pellizer, B. C., e Periera, L. E., "Residual Stress Evaluation of AA2024- T3 Friction Stir Welded Joints", *Journal of Materials Engineering and Performance*, Vol. 61(1), pp. 86-92, 2007.
Deplus, K., Simar, A., Haver, W. V. e Meester, B. D., "Residual Stresses in Aluminum Alloy Friction Stir Welds", *The International Journal of Advanced Manufacturing Technology*, Vol. 56, pp. 493-504, 2011.
Riahi, M. e Nazari, H., "Analysis of Transient Temperature and Residual

Thermal Stresses in FSW of Aluminum Alloy 6061-T6 via Numerical Simulation", *The International Journal of Advanced Manufacturing Technology*, Vol. 55, pp. 143-152, 2011.
Montgomery, D. C., "*Design and Analysis of Experiments*", 5ª edição, John Wiley & Sons Inc., 2000.
Norma JIS G 4404, liga de aço para ferramentas, número de material 1.208, 1983.
Especificação padrão para chapas e folhas de alumínio e ligas de alumínio ASTM, ASTM B209.

Printed by Books on Demand GmbH, Norderstedt / Germany